走近航空反潜

谢力波 李瑞红 李居伟 赵申东 编著

国防工业出版社
·北京·

内容简介

反潜作战一直是海战领域的重要课题。在反潜战中，航空兵是优势兵力，因此世界许多国家都比较重视并致力于重点发展航空反潜能力。随着我国反潜巡逻机、反潜直升机的陆续亮相，越来越多的人开始关注这一领域并想要更多地了解航空反潜。

本书从军事科普的角度，基于航空反潜作战系统组成框架构建内容，力图全面系统而又简明扼要地介绍航空反潜的基本知识。书中介绍了大量国外的航空反潜装备，图文并茂，并引用装备发展历史和经典战例以丰富内容，提高可读性。全书主要内容分为六章，采取"总—分—总"的经典结构：第一章为绪论，引述总体情况，说明航空反潜的重要作用与地位；第二章重点介绍潜艇目标和海洋反潜作战环境；第三章分类型讲述了典型的航空反潜平台；第四章结合典型装备介绍航空搜潜技术和手段；第五章引用历史战例讲述了主要攻潜武器及其发展状况；第六章阐述航空反潜作战指挥与控制系统基本概念、现状及发展趋势。

本书作为航空反潜相关专业导论课的参考教材和慕课的配套教材，也可以作为广大军事爱好者的科普读物。

图书在版编目（CIP）数据

走近航空反潜 / 谢力波等编著 .—北京：国防工业出版社，2024.8.—ISBN 978-7-118-13413-1

Ⅰ.E926.38

中国国家版本馆 CIP 数据核字第 20248XE248 号

国防工业出版社出版发行

（北京市海淀区紫竹院南路 23 号　邮政编码 100048）
北京虎彩文化传播有限公司印刷
新华书店经售

开本 710×1000　1/16　印张 11¾　字数 208 千字
2024 年 8 月第 1 版第 1 次印刷　印数 1—1300 册　定价 98.00 元

（本书如有印装错误，我社负责调换）

国防书店：(010)88540777　　书店传真：(010)88540776
发行业务：(010)88540717　　发行传真：(010)88540762

前 言

自潜艇战诞生以来，反潜就成为了海战的重要主题。当今，全球各海域都有潜艇在活动。面对潜艇的发展与威胁，现代海军没有一定的反潜能力，面向大海将寸步难行。

航空反潜是一种重要的反潜形式。借助飞机、直升机等航空平台的优势，航空反潜具有反应速度快、设备种类多、搜潜效率高、攻潜效果好、相对安全等特点。航空反潜兵力是各国海军重点发展的军事力量。美、俄、日等国，都拥有十分强大的航空反潜实力，并且还在不断发展壮大。

在实现强国梦、强军梦的征程上，我国也必须建设一支强大的航空反潜力量。

那么历史上航空反潜是如何发展的？什么样的飞机或直升机，才是专业的航空反潜平台？现代的航空反潜，处于什么样的水平？有哪些典型装备呢？各种装备是怎样工作的？受那些因素的影响？又有怎样的特点？在信息化时代，无人机如何参与反潜？……本书将围绕航空反潜作战体系组成，系统化、全面化、规范化、模块化的为你解读这一系列问题。

目 录

第一章　水下有幽灵，空中来克星

第一节　水中争霸，海洋危机四伏 …………………………………… 1
第二节　经略海洋，反潜势在必行 …………………………………… 14
第三节　海空雄鹰，空中飞来克星 …………………………………… 23
第四节　欲行反潜，搜攻体系作战 …………………………………… 31

第二章　目标含特征，环境多变化

第一节　水下作战，海战神兵擅突袭 ………………………………… 38
第二节　静秘潜航，水下活动含特征 ………………………………… 48
第三节　深海猎鲨，海洋环境常变化 ………………………………… 54
第四节　水中对抗，软硬兼施逃追捕 ………………………………… 60

第三章　航空带优势，平台是基础

第一节　各显身手，空中齐力猎鲨 …………………………………… 68
第二节　雄鹰展翅，万里海疆巡逻 …………………………………… 75
第三节　带刀护卫，舰艇编队护航 …………………………………… 91

第四章　搜潜效率高，手段多样化

第一节　声光磁电，共对搜潜难题 …………………………………… 102

第二节　定点精探，低空吊线听音 …………………………… 112
　　第三节　散点布阵，高空撒网猎敌 …………………………… 119
　　第四节　航线盘查，贴海磁扫觅踪 …………………………… 130
　　第五节　扬长避短，齐力辅助搜潜 …………………………… 142

第五章　攻潜效果好，武器特色化

　　第一节　精确制导，水下追击惊敌魂 ………………………… 148
　　第二节　多点截击，数枚连投丧敌胆 ………………………… 156
　　第三节　天降伏兵，快速布雷慑敌心 ………………………… 161

第六章　搜攻需战术，指控一体化

　　第一节　高效作战，联合指控是核心 ………………………… 171
　　第二节　综合集成，指挥控制一体化 ………………………… 177

第一章

水下有幽灵，空中来克星

> 潜艇号称"水下幽灵"，是海战中的神兵猛将，也是来自水下的巨大威胁。第二次世界大战之后，随着潜艇技术的发展，其地位和作用越来越重要，潜艇的威胁也与日俱增，反潜成为当今海战的重要主题之一。潜艇的威胁存在于哪些方面？反潜战为何重要？航空反潜有何特点？航空反潜成为潜艇的克星，存在哪些优势？航空反潜的发展历史、现状以及未来如何？……本章将围绕这一系列问题介绍潜艇和反潜战以及航空反潜的相关基础知识。

第一节 水中争霸，海洋危机四伏

当今世界，只要有海洋的地方，就有潜艇在活动。由于地球表面以海洋为主体，因此，可以毫不夸张地说，潜艇几乎遍及世界各处。就连封闭于大陆的里海，也有俄罗斯、哈萨克斯坦、伊朗等多国的潜艇藏匿其中。显然，人们都很清楚地认识到海洋资源的重要性，也都很重视海洋权益的争夺和保护。而争夺和保护海洋资源，潜艇是最佳的武器装备。因此，环顾全球，各沿海国家和地区，都面临着潜艇的威胁。

特别是我国有着漫长的海岸线，不仅存在两条岛链的封锁，还面临着多国潜艇的监视。美国、日本、韩国、俄罗斯、越南、印度，甚至澳大利亚等国的潜艇，都在我国附近海域活动。近年来，菲律宾也在加紧购买潜艇。我们的海军要走出国门，走向深蓝，必须面对和解决的一个重要问题就是反潜。

为了更深刻理解反潜的重要性，有必要先深入分析潜艇的威胁所在，了解潜艇在海战中的重要作用。

一、潜艇在海战中的重要作用

潜艇自诞生以来，很快被用于战争，主要原因就是因为其可以潜伏水下实施突袭，以至于人们谈及潜艇，默认的都是指军用潜艇。潜艇在海战中发挥的重要作用是显而易见的，甚至影响着整个战争的局势。纵观历史，归纳起来，潜艇的作用主要体现在以下三个方面。

（一）重要的突击作用

隐蔽性，是潜艇最大的特点，潜艇擅于暗中作战。1914年9月22日，德国一艘潜艇U-9只用了一个多小时就击沉了三艘英国巡洋舰，使交战国为之震惊，这便是"一艇沉三舰"的经典战例故事。此战中，潜艇的突击威力得以充分展示。由于鱼雷在水中爆炸，威力巨大，通常命中一枚就足以毁伤舰船。在第一次世界大战和第二次世界大战中，潜艇都发挥了重要的突击作用，甚至决定着海战的局面。第二次世界大战中，仅在太平洋战场，截至1943年底，日本舰船总损失就达394.8万吨，其中大部分是被潜艇击沉的。

现代潜艇，可以使用鱼雷、导弹等精确制导武器进行突袭作战，更是海战场上的开路先锋和战争中的得力干将。潜艇从水下进攻，既是袭击水面舰艇的有效手段，也能开展水下攻防和对抗，还能对陆地目标实施有效打击（图 1-1-1）。

图 1-1-1　现代潜艇水下发射鱼雷

（二）强大的威慑作用

潜艇的威慑作用在于潜艇行动的隐蔽性、进攻的突然性以及其较强的突击威力，从而给对方造成防不胜防的精神压力和难以克服的心理障碍（图 1-1-2）。

例如，在1982年的英阿马岛战争中，英国舰队尚未从本土起航，就发布其核潜艇已到达南大西洋海域的假情报，并示意在马岛附近的一艘冰情巡视船，向不存在的英国潜艇发出联络信号，以造声势，威慑对方。至战争开始时，当"征服者"号核潜艇击沉阿根廷海军的"贝尔格拉诺将军"号巡洋舰之后，阿根廷海军水面舰队慑于英国潜艇的威力，全部撤回到本土领海线之内，再未敢出战。

现代潜艇的威慑作用，尤其是弹道导弹核潜艇的威慑作用，已突破战役战术的范畴，成为遏制战争发生和发展的重要因素，甚至已走出军事领域，在国际政治斗争中发挥着重要的影响。世界多国都在力争拥有"海基核力量"，以形成战略威慑。

图1-1-2 将要藏身大海的潜艇令人不寒而栗

（三）广泛的牵制作用

潜艇的牵制作用，自其开始用于海战就突出地展现出来。第一次世界大战中，协约国为了与德国潜艇作斗争，共计动用了约5000艘舰艇和2500架飞机，以及70万兵员。第二次世界大战中，同盟国专门建造了5500艘反潜舰并动用了上万艘小艇，以及大量装载搜潜雷达的飞机，其反潜兵力总数高达600万人。在大西洋战场，美英等同盟国平均动用25艘舰艇、100架飞机对付1艘德国潜艇，以100名兵员对付1名德国潜艇艇员（图1-1-3），消耗了同盟国大量物力，牵制了其大量兵力，严重削弱了用于执行其他作战任务的力量，对海上战争以至整个战争的进程产生了重大影响。

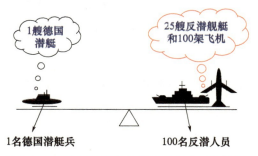

图1-1-3 潜艇的牵制作用示意图（二战数据）

因此，战后至今，世界各主要海军国家都把潜艇作为海军发展的重点。值得注意的是，除美、俄等军事强国继续保持拥有占世界多数的潜艇外，第三世界尤其是一些亚洲国家和地区也在竞相发展潜艇（表1-1-1）。因此，未来的海战，潜艇的威胁更大，地位更高，而反潜战也将变得更加复杂和艰难。

二、潜艇对各方面的威胁

（一）对水面的威胁

潜艇起初就是用来对付水面舰艇的，时至今日，其主要使命仍然是反舰，或者攻击运输船队以破坏海上交通线。使用鱼雷攻击舰船，是潜艇的拿手好戏。在有敌潜艇出没的海区，水面舰艇上的官兵们必然是寝食难安，而舰长更是如坐针毡。整条舰都在万分紧张中急于找出潜艇，不断琢磨着如何实施防御和反击。毋庸置疑，被鱼雷击中是非常可怕的。无论是鱼雷打靶试验还是实战战例都充分证明，一发鱼雷只要命中舰艇要害便足以将其摧毁。

图1-1-4　被鱼雷击中的靶船（退役军舰）

图1-1-4展示的便是鱼雷命中靶船的威力,美军在试验中成功使用一发鱼雷命中舰艇腹部,结果直接炸断了做为靶舰的退役军舰。

而潜艇的主要装备就是鱼雷。即便是小型潜艇,也有1到2具鱼雷发射管。比如,伊朗的最新型"征服者"级小型潜艇,排水量才600吨,但却装备了4具533毫米鱼雷发射管,可装载鱼雷或导弹10~12枚,而其更小的120吨级的"卡迪尔"级潜艇,也有2具533毫米发射管,足以实施反舰任务。伊朗"卡迪尔"级潜艇如图1-1-5所示。

图1-1-5 伊朗"卡迪尔"级小型潜艇

何况,除了鱼雷,现代潜艇还可以使用多种反舰导弹,因此,潜艇就是水面舰船的梦魇(图1-1-6)。

图1-1-6 反舰始终是潜艇的主要任务之一

（二）对水下的威胁

说到反潜，潜艇才是对抗潜艇的最佳武器。冷战时期，苏联海军一向秉承这一理念，不断研制和发展对抗美国潜艇的潜艇，出现了"维克多"级、"阿库拉"级、"塞拉"级等多型攻击型核潜艇，与美国潜艇在世界大洋中游弋对决。当然，这样的理念也得到了世界各国认同。毕竟，"以毒攻毒"是一种对抗的有效手段。因此，潜艇在海洋中活动，也并不是那么自由的，还要面对与敌方潜艇的"捉迷藏"般的对抗。一不小心，就有可以进入对方的伏击圈。唯有研制出与对手匹敌或者比对手更先进的潜艇，才是发展的硬道理。

（三）对陆地的威胁

现代潜艇可以实施对岸攻击，发射导弹攻击陆地上的重要目标。如果是核弹头，则直接以城市为攻击目标。1991年，海湾战争中，2艘美国核动力潜艇分别从地中海和红海发射了12枚"战斧"巡航导弹，对伊拉克境内的重要电站、通信中心以及空防系统进行攻击，为实施战略轰炸发挥了重要的作用。而后来的伊拉克战争中，美英联军又出动核潜艇共17艘，发射了大量"战斧"导弹（图1-1-7）。

图1-1-7　美国潜射"战斧"巡航导弹和潜艇上开盖的导弹发射井

战争事实证明，潜艇虽然在水中活动，但也有足够能力对陆地造成威胁。潜射导弹是先进潜艇的杀手锏，数枚就足以摧毁一个军事基地。

（四）潜艇的核威慑

当然，潜艇的威胁之中，最厉害的要数核威慑，这也是大国军事实力的关键之所在。显然，有了装备核弹的潜艇藏匿于大洋之中，敌国才不敢轻举妄动。

这就是为什么建国初期，在万般困难的情况下，毛主席说"核潜艇，一万年也要搞出来！"我们不仅仅是要研制出核动力的潜艇，主要目的是能在大洋之中使用潜艇发射弹道导弹或核弹（图1-1-8），形成海基核力量，这样，才能形成海、陆、空三位一体的战略核打击力量，面对军事列强在国际上才能有立足之地，才能有话语权。

图1-1-8　潜艇发射弹道导弹示意图

我们通过了解潜艇在海战中的重要作用和潜艇在各个方面威胁，进一步领悟到了潜艇的厉害（图1-1-9），从而，也知道了反潜的重要性。

图 1-1-9　鱼雷和导弹使得潜艇具有强大的战斗力

　　现代海战依然面临着三大主题——反潜、反导、反水雷。反导一直在持续发展，并且出现的各种实装系统看起来是有效可行的，以美国的"宙斯盾"系统为典型代表，说明反导的各种技术手段是比较直观可见的。反水雷要难一些，现代水雷增强了抗扫能力，即便发现了也很难扫除，但水雷毕竟是在特定水域相对固定的。相比水雷，潜艇是游弋在海洋之中的活动目标，并不是藏身在固定水域等待着被搜寻的。因此，反潜无疑是最难的。

　　面对潜艇的威胁，反潜是海战的首要问题，更是多年来海战中经久不变的重要主题。我国也面临着严峻的反潜形势。我们的舰艇编队尤其是航母出海，必须解决反潜的问题，要有足够的反潜实力，才敢形成真正的编队，走出岛链，走向远海，走进深蓝。所以，要实现强国梦，强军梦，道阻且长，任重而道远。

本节知识点

1. 现代海战面临的三大主题：反潜、反导、反水雷。

2. 世界各大洋、各个海域都有潜艇在活动，包括里海。

3. 潜艇在海战中的重要作用：

（1）重要的突击作用：擅于暗中作战，既可袭击海上舰艇，也能对陆地的战略目标实施有效突击。

（2）强大的威慑作用：在于潜艇行动的隐蔽性、进攻的突然性以及其较强的突击威力，从而给对方造成防不胜防的精神压力和难以克服的心理障碍。

（3）广泛的牵制作用：牵制敌方大量兵力，消耗敌方物力、财力。

4. 未来的海战，潜艇的威胁更大，地位更高，而反潜也将变得更加复杂和艰难。

5. 潜艇对各方面的威胁主要分为：水面、水下、陆地、核威慑。

表 1-1-1 国外典型潜艇基本性能一览表

艇级名称	国别	开始服役年代	主尺寸(长×宽×高)/米	排水量/吨	航速/节	下潜深度/米	动力装置 台数×型号×功率/千瓦	主要水声设备	主要武器装备	备注
209级1200型潜艇	德国	20世纪70年代末	56×6.2×5.5	水上1185 水下1290	水上11 水下22	250	柴电推进系统: 4×MTU12V396SE柴油发电机组×2794(3800马力); 1×主推进电机×3382(4600马力), 单轴	CSU-3或CSU-83综合声纳, 主/被动, 中频, 搜索和攻击	8具533毫米鱼雷发射管; A184线导/声自导鱼雷或SST-4线导/声自导鱼雷14枚	该艇出口多国, 其中韩国9艘
"弗吉尼亚"级攻击型核潜艇	美国	21世纪初	114.9×10.4×9.3	水下7925	水下28	244	一座S9G压水反应堆; 两台同轴汽轮机驱动的泵喷射推进器	全艇各处共设600个噪声/震动侦测器; 高频主动声纳可精确测绘海底和收向	4具533毫米鱼雷发射管, 可发射Mk48ADCAP鱼雷和"鱼叉"反舰导弹, 以及12个"战斧"巡航导弹垂直发射管	艇上声纳系统、作战指挥系统和武器系统等重要设备均采用功能模块化的设计方法, 可以通过更换模块的方式提升性能; 可搭载9名特战队员和装备, 在水下放出和收回; 一次装料使用30年
"俄亥俄"级战略导弹核潜艇	美国	20世纪70年代	170.7×12.8×11.1	水上16600 水下18450	水上19 水下25	300	通用电气SG8自然循环压水反应堆; 2×蒸汽轮机×44118(60000马力), 单轴	IBM公司BQQ-6声纳系统	24枚"三叉戟"I/II型弹道导弹; 4具533毫米鱼雷发射管, Mk48鱼雷, 线导或主/被动声自导	该级共14艘, 是世界上在航率最高的潜艇, 平均海上巡逻70天, 补给25天; 一次装料使用9年

续表

艇级名称	国别	开始服役年代	主尺寸(长×宽×高)/米	排水量/吨	航速/节	下潜深度/米	动力装置 台数×型号× 功率/千瓦	主要水声设备	主要武器装备	备注
"苍龙"级常规潜艇	日本	21世纪初	84×9.1×8.5	水上2950 水下4200	水上12 水下20	>350	2台柴油机、4×V4-1275RMK Ⅲ 斯特林发动机 88×65（马力）；AIP系统	ZQQ-6声纳改进型	6具533毫米鱼雷发射管；89型鱼雷，其作战深度900米	目前世界上最大的常规动力潜艇；AIP动力系统支持连续3周的低速潜航
"哥特兰"级常规潜艇	瑞典	20世纪90年代	60×6.1×5.6	水上1350 水下1500	水上11 水下20	300	柴电推进系统：2×柴油发电机组×809(1100马力)；1×主推进电机辅助动力：2×V4-1275R斯特林发动机×75(101马力)	以被动声纳为主的艇载多功能传感器和信息系统，同时监视各个方向数十个目标	4具533毫米鱼雷发射管；TP2000型线导/声自导鱼雷，50枚432型水雷	1997年服役；世界首型AIP动力系统潜艇
"奥斯卡Ⅱ"级巡航导弹核潜艇	俄罗斯	20世纪80年代	154×18.2×9	水上11700 水下14900	水上19 水下28	400	2×压水反应堆×200000；2×蒸汽轮机×55000(75000马力)，双轴	"鲨鱼鳃"型艇壳声纳，主/被动搜索和改击，中频；"鼠叫"2046拖曳声纳	4具533毫米鱼雷发射管；4具650毫米鱼雷发射管；24枚SS-N-19号反潜导弹、SS-N-15号反潜导弹、53型、65型反舰鱼雷	苏联第四代核潜艇，是反航空母舰的核心力量，当前吨位最大的巡航导弹核潜艇

续表

艇级名称	国别	开始服役年代	主尺寸（长×宽×高/米）	排水量/吨	航速/节	下潜深度/米	动力装置台数×型号×功率/千瓦	主要水声设备	主要武器装备	备注
"基洛"级常规潜艇	俄罗斯	20世纪70年代末	73.4×10×6.6	水上2325 水下3076	水上10 水下20	300	2×柴油发电机组×2684（3650马力）；1×主推进电机×4338（5900马力）；单轴	"鲨鱼齿"型艇壳声纳，主/被动搜索利攻击，中频；"鼠叫"型主动艇壳声纳，高频	6具533毫米鱼雷发射管；53型主/被动自导鱼雷；SA-N-8对空导弹	号称"大洋黑洞"，有877/636/638三个子型号，是俄出口型潜艇
677型"拉达"级常规潜艇	俄罗斯	20世纪末	72×7.1×7.79	水上1765 水下2650	水上10-16 水下21	250/300/400	2×柴油发电机组×2500；1×SED-1主推进电机×4100；"阿穆尔"级选装AIP系统	"天琴座/利拉"声纳系统	6具533毫米鱼雷发射管，18枚鱼雷，导弹或30枚水雷，可装备反舰导弹、巡航导弹、轻型防空导弹，"利蒂"自动化指控系统	俄罗斯第四代常规动力潜艇，出口型为"阿穆尔"级，拥有现代化先进设备和一体化动力系统，比"基洛"级更安静

2016年8月24日,朝鲜使用一艘弹道导弹常规动力潜艇,试射了"北极星"-1潜射中程弹道导弹(图1-1-10)。

图1-1-10　朝鲜试射"北极星"-1潜射中程弹道导弹

第二节　经略海洋,反潜势在必行

自潜艇参战以来,反潜也随之诞生并不断发展。如今,各国为了保护海上交通线,维护海洋权益,守护或争夺海洋资源,都面临着潜艇的威胁,所以必须拥有一定的反潜能力，否则，面向大海，将寸步难行。反潜战发展至今，已成为多兵种联合作战的立体反潜，而航空反潜是其中非常重要的环节。本节讲述反潜战的概念和基本形式，以便在对比中理解航空反潜的重要地位与作用。

一、反潜的概念

反潜，简而言之，是指对抗潜艇的一切行为或行动。在军事上，反潜实际上包括战略反潜和战术反潜。

战略反潜，是比较广义的反潜，泛指反制或防止对方利用潜艇的一切行动或计划。包括监视对方潜艇的发展规模、出航行动，阻止或破坏对方潜艇的研制计划和方案等。美军历来的反潜方案，就包括摧毁敌方潜艇工厂和研究所等，"把潜艇消灭在萌芽状态"。二战中，盟军多次轰炸德国的潜艇工厂和码头，取得了较好的反潜效果。

战术反潜，是指在海上开展的针对敌潜艇的具体军事行动，包括搜潜和攻潜等各种战术行动。通常，我们所说的反潜，是基于战术反潜。而反潜按照兵力可分为多种形式。

二、反潜战的主要形式

反潜战，通常按照兵力或平台而划分为水面舰艇反潜、潜艇反潜、航空反潜以及联合反潜。

（一）水面舰艇反潜

军用潜艇就是为偷袭水面舰艇而诞生的。因此，水面舰艇反潜，是自身生存的需要，也是猎杀潜艇、掩护其他目标的需要。水面舰艇由于时刻面临着来自水下的威胁，所以几乎每艘军舰都装备有反潜探测及攻击装备。早期，军舰通过目视搜索浮出水面或露出潜望镜的潜艇，然后使用机枪和火炮攻击，并利用速度优势追击。后来，潜艇下潜时间变长，深水炸弹因为反潜的迫切需求应运而生。对于深弹，潜艇官兵还是十分忌惮的。通常，数十枚深弹下沉时，潜艇官兵只能在万分紧张中祈求死神远离。而现代军舰多数都装备了增加射程的火箭深弹用于反潜。除了深弹，自导鱼雷在二战期间出现，使得攻击水下目标的命中率大大提高。反潜鱼雷配合各种性能先进的舰船声纳的使用，使水面舰艇的反潜能力大为提升。至今，鱼雷仍然是各种水面舰艇必备的反潜武器，常常和深弹搭配使用，以确保反潜效能。

水面舰艇反潜，具有装备齐全、武备量大，作业时间长，舰用声纳型号多、功能全、性能优良等优势（图1-2-1～图1-2-3）。但是，自身容易暴露、易受攻击，却是水面舰艇反潜的致命缺点。

图1-2-1　俄罗斯猎潜艇使用火箭深弹反潜

图 1-2-2 水面舰艇的火箭深弹发射装置

图 1-2-3 水面舰艇发射反潜鱼雷

（二）潜艇反潜

潜艇与潜艇的对抗，堪称"以毒攻毒"，好比蒙面高手的暗中对决。冷战时期，美国和苏联海军都认同，"最有效的反潜手段，就是潜艇本身"。因此，两国在军备竞赛中，意图建造大量潜艇，在大洋暗中角逐（图1-2-4）。苏联解体后，俄罗斯依然秉承这一理念，保留并持续发展了多型反潜潜艇。事实上，曾发生的几起人为的美苏、美俄潜艇相撞事件，就是典型的潜艇反潜的案例。比如，1970年6月，一艘苏联核潜艇正在进行导弹试射时，突然发现自己遭到美国潜艇的跟踪。苏联艇长直接下令调转航向绕到美国潜艇后方，并全速朝着美艇撞去……这起鲜为人知的海底核潜艇博弈事件只是展现了潜艇反潜的冰山一角。1992年2月，美国核动力潜艇潜伏在俄罗斯摩尔曼斯克港附近监视俄军潜艇动向期间，被俄罗斯"塞拉"级潜艇撞击腹部受重创，再次展现了潜艇之间的水下角逐。

图1-2-4　美国和苏联竞相制造先进核潜艇进行对抗

不过，潜艇反潜，属于高水准、高难度、高风险的对抗，从美俄潜艇的长期对抗中，可以看出大洋深处的角逐是多么惊险而激烈。潜艇反潜的主要方式是跟踪、偷袭，其装备主要依靠艇壳声纳和鱼雷。显然，潜艇反潜虽然有效，但是代价太大、风险太高、实施太难。

（三）航空反潜

航空反潜是指利用飞机、飞艇或直升机等平台形成的航空兵力从空中进行反潜。

早在一战时期，各种飞机和飞艇就被用于反潜，并且成效显著。比如，英美联合在英吉利海峡使用飞艇巡逻，有效限制了德国潜艇的偷袭行动。二战时期，随着航空工业的发展，飞机已被广泛用于反潜，并成为反潜战的主力军。出现了史上留名的多种反潜飞机，比如"惠灵顿""蚊式""剑鱼""桑德兰""卡塔琳娜"（图1-2-5）"复仇者"等等。二战末期，飞艇由于易受攻击，逐渐被淘汰。后来，小巧灵活且能够垂直起降、容易上舰的直升机很快加入了航空反潜的家族，并迅速成为反潜新星。

图 1-2-5 二战时期用于反潜的"卡塔琳娜"水上飞机

二战后,由于航空反潜的优势和重要性,世界多国都很重视航空反潜的发展,装备了大量反潜巡逻机(图 1-2-6)和反潜直升机(图 1-2-7),航空反潜装备越来越齐全,技术手段更加先进。

图 1-2-6 训练中的美国 P-8A 反潜巡逻机

图 1-2-7 反潜直升机使用吊放声纳

（四）联合反潜

信息化战争时代，反潜战也是多维立体空间的网络战，是多兵种协同作战。即从水下到水面、空中乃至太空，分别由潜艇、水面舰艇、反潜机和卫星等多种装备协同反潜作战，称为联合反潜（图 1-2-8）。

在立体反潜作战体系中，航空反潜处于中心位置，除了执行巡逻反潜、应召反潜和检查反潜等基本任务，还可以负责情报和指控等其他任务，是非常重要的一环，并且存在广阔的发展空间，是各国反潜发展的重点方向。

第一章　21
水下有幽灵，空中来克星

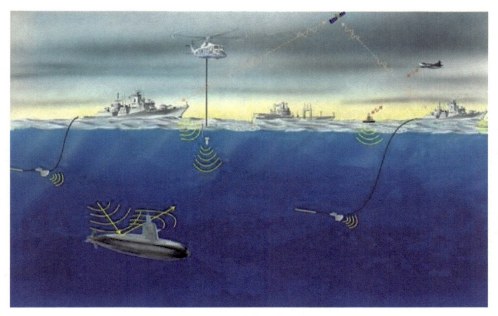

图 1-2-8　联合反潜示意图

三、航空反潜的优势

相比其他形式的反潜，航空反潜具有明显的优势，那就是来自空中平台本身的优势，主要有四点：

一是快速反应能力强。反潜机的速度比舰船和潜艇快很多。所以，飞机、直升机尤其适合应召反潜，能在几分钟内起飞，迅速抵达任务海区，适时实施搜索和攻击。

二是搜潜效率高。反潜机能携带雷达、吊放声纳、浮标声纳、磁探仪等多种探潜设备和器材，能在短时间内搜索大面积的海域。并且，反潜机使用目力和雷达，其视野也比水面舰艇广得多。此外，航空声纳工作时不像水面舰艇有自噪声的干扰，还能快速换点以抵近目标搜索，效率较高。

三是攻潜效果好。航空平台进攻突然，一旦发现潜艇或疑似目标，反潜机可快速飞至潜艇上方或目标疑似区域实施攻击，潜艇规避困难，命中率较高。

四是相对安全。航空平台在空中机动，不易被潜艇发现，相对隐蔽；目前多数潜艇还没有装备有效的防空武器，飞机等远离水面，受潜艇威胁小，比较安全。

综上所述，航空反潜被形象地喻为"老鹰抓兔子"。

当然，航空反潜也存在一些弱点，比如自卫能力较弱，容易遭受对方防空火力和空中兵力的攻击，使行动受限；此外，相比水面舰艇和潜艇，航空平台作战持续时间短，受气象条件影响大等，也是不利因素。尽管如此，航空反潜的优势依然是明显的，可以说是瑕不掩瑜。

因此，航空反潜在整个反潜作战体系中具有不可替代的地位和作用，航空兵历来都是重要的反潜兵力，是世界多国重点发展的反潜兵力。

> **本节知识点**
>
> 1. 航空反潜的优势：快速反应能力强、搜潜效率高、攻潜效果好、相对安全。
>
> 2. 由于航空反潜的优势和重要性，世界多国都很重视航空反潜的发展。
>
> 3. 反潜的主要形式包括：水面舰艇反潜、潜艇反潜、航空反潜、联合反潜。
>
> 4. 冷战时期，美国和苏联海军都认同，"最有效的反潜手段，就是潜艇本身"。
>
> 5. 水面舰艇反潜具有装备齐全、武备量大，作业时间长，声纳型号多、功能全、性能优良等优势。但是，容易暴露、易受攻击。

第三节 海空雄鹰，空中飞来克星

航空反潜是一种重要的反潜形式，世界各国都很重视航空反潜力量的发展。那么，航空反潜在历史上是什么时候出现的呢？现代的航空反潜处于什么样的水平呢？将来的航空反潜是否依然无比重要呢？本节通过回顾历史、盘点现状、展望未来，来了解航空反潜的发展。

一、回顾历史——反潜神兵，功不可没

一战前，英国人率先提出将飞机用于对付潜艇，并进行了数次飞机搜潜试验。1912年3月，潜艇艇长出身的英国飞行军官威廉上尉发表了很有价值的论文《飞机在反潜战中的使用》，引起了更多人对航空反潜的关注。

航空反潜真正的实战起始于第一次世界大战。

（一）一战时期的航空反潜

一战爆发之初，英、德等国就组建了航空兵反潜部队，使用飞机和飞艇，主要负责在近岸海域搜索和监视露出水面或潜望状态的潜艇。其后，航空反潜迅速在多国发展起来。而在1916年8月，英国的B-10号潜艇在威尼斯港停泊时，被奥地利的"洛内尔"式水上飞机使用航空炸弹突袭击沉，成为史上第一艘被飞机击沉的潜艇。

一战中，飞机和飞艇击沉的潜艇总共不到10艘，与水面舰艇和潜艇相比，战果不大。但是，航空反潜在其中的重要作用却是不可否认的，至少，在阻止潜艇进攻方面的作用是巨大的，航空兵有效的遏制了潜艇的频繁行动。

航空兵击沉潜艇的数量不多,究其原因,主要有以下几点:

一是没有合适的探测器材。当时主要靠目力(包括望远镜)观察,依赖"站得高,看得远"发挥作用,夜间也只能借助探照灯搜索,比较困难。

二是没有合适的武器。当时主要靠炸弹攻击潜艇,且没有轰炸瞄准具,空投炸弹命中率低,潜艇多数下潜逃逸。

三是航空反潜平台种类和数量都不足。用于反潜的飞机、飞艇不仅数量少,而且本身装备简单,同时由于受技术限制存在性能不可靠、航程短等缺点。

直到二战初期,这三个问题都未能得到很好的解决。

不过,随着战争的激烈升级,军事需求促进了各种技术的发展,在二战中航空反潜装备的发展产生了质的飞跃。

(二)二战时期的航空反潜

二战爆发后,德国再度掀起"无限制潜艇战",迫使英、美等多国加紧研制能有效对付新型德国潜艇的航空探潜装备和反潜武器。短短数年内,逐渐出现了航空雷达、"利"式探照灯、磁探仪和声纳浮标等多种探测器材,大大提升了航空兵的搜潜能力。而航空深弹的发展以及声自导鱼雷的出现,使得航空兵有了更加有效的攻潜武器。在航空鱼雷与深弹等武器的结合使用中,大量潜艇葬身海底。二战后期,随着反潜飞机数量和型号的增多,大面积反潜任务主要由航空兵担任。整个二战期间,飞机击沉的潜艇,达到所有兵器击沉潜艇总数的37%之多。由此,飞机成了潜艇的天敌。

二战中,出现了许多著名的反潜机,包括水上飞机、轰炸机、巡逻机、舰载反潜机等。仅美、英两国用于反潜的机型就多达十几种,比如美国的"卡塔琳娜"水上飞机、"复仇者"鱼雷攻击机、"解放者"轰炸机,英国的"剑鱼"攻击机(图1-3-1)、"蚊"式轰炸机等。

图 1-3-1 "剑鱼"攻击机

二战后期,飞艇由于行动缓慢、易受攻击等原因,慢慢退出了航空反潜的历史舞台。但是,以飞机为主的航空兵成为反潜的主力军,堪称潜艇的克星,具有不可替代的重要地位和作用。

(三)战后的航空反潜

战后,随着潜艇技术的发展,特别是核动力潜艇的出现,对反潜提出了更高的要求。而航空反潜由于其所具有的优势,地位更加突出,航空反潜装备也在快速发展。美、苏、英、法等国纷纷研制了先进的反潜巡逻机。而直升机以其独特的飞行性能和小巧灵活、易于上舰的优势,迅速成为了反潜的明星。战后,反潜直升机尤其是舰载反潜直升机迅速发展起来。

近代局部战争中,航空反潜再次展现了其重要性。1982年的英阿马岛海战中,英国和阿根廷双方都出动了大量航空兵力反潜,特别是英军出动的直升机捕获并击伤了阿根廷的"圣菲"号潜艇,使其最终下沉,成为反潜史上首个直升机击沉潜艇的战例。

总之,历史表明,航空兵是功不可没的反潜神兵。

二、盘点现状——群鹰争空，大力发展

目前，世界各国的专用反潜机已超过 4000 多架，仅美国就有 1000 多架，日本也有反潜机 200 多架。其中，舰载反潜直升机占到了反潜机总数的一半以上，其次是以反潜巡逻机为主的固定翼飞机。美、俄、英、法、日等国研制和装备了先进的反潜巡逻机，并向其他国家出口。从巡逻机上看，仅西太平洋上空，就常年盘旋着 P-8A、P-8I、P-3C（图 1-3-2）、伊尔 -38、P-1 等多型反潜巡逻机。从直升机上看，几乎所有的现代水面舰艇都能搭载舰载反潜直升机，而驱逐舰和护卫舰更是以反潜直升机为标配。

图 1-3-2　P-3C 反潜巡逻机和潜艇

我国周边，美、俄、日都拥有强大的航空反潜实力。

以美国为例，除了拥有全球最先进的岸基反潜巡逻机 P-8A 和独领风骚半个世纪之久的反潜巡逻机 P-3C 外，仅看其航母编队，就足显航空反潜实力：其航母编队的远、中、近多级交互式反潜网中，航空反潜是主力，反潜巡逻机承担着中、远程巡逻警戒和攻击任务，舰载直升机则负责近程机动防

御和反击。此外,美国在全球多处军事基地部署了反潜巡逻机,意欲形成"天网",监视着全球海域的各国潜艇动向。据不完全统计,美军现有反潜巡逻机近 200 架,主要是升级版 P-3C 和新研制的 P-8A,"海鹰"等多型反潜直升机约 300 多架,此外,还有辅助反潜作战的 EP-3E 电子侦察机和倾转旋翼机"鱼鹰"(V-22)百余架,再加上各型改装或研制的反潜无人机(如 MQ 系列:MQ-8B、MQ-9B、MQ-4C 等),构成了庞大而先进的航空反潜装备体系。

俄罗斯的航空反潜实力也相当雄厚,且独具特色。当今,俄罗斯还拥有数量众多的伊尔 -38 反潜机(部分已升级为伊尔 -38N)、图 -142 反潜机、别 -12 反潜机、米 -14 和卡 -27 反潜直升机等,并且在不断升级改造旧装备和持续研制新型反潜机,比如卡 -65 舰载直升机,以及新型的反潜巡逻机也在研制之中。水上(两栖)飞机是俄罗斯一直重视发展的装备,比如著名的 A-40 "信天翁"水上多用途飞机也可用于反潜。此外,俄罗斯还比较重视远程反潜轰炸能力,不断升级改进的图 -142(图 1-3-3)就足以证明,其最大起飞重量可达 185 吨,最大航程超过 12500 千米,能携带 400 多枚声纳浮标和多种反潜武器,成为全球最大的反潜机。

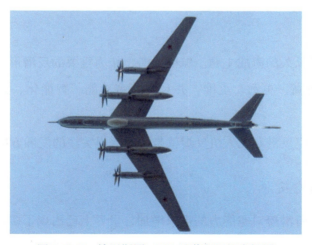

图 1-3-3　俄罗斯图 -142 反潜巡逻机底视图

日本对反潜的重视众所周知。战后，日本海上自卫队组建了在亚太足以和美俄相争的航空反潜力量，仅 P-3C 反潜巡逻机就配置了近百架。21 世纪初，日本又装备了自主研制的 P-1 反潜巡逻机，并将逐步替换老旧的 P-3C，形成更强的航空反潜实力。其水面舰艇编队中，配备了大量先进的舰载直升机，包括 SH-60J/SH-60K（"海鹰"）、EH-101 等著名机型。何况，日本还有多艘堪称"反潜航母"的直升机母舰。日本的航空反潜实力无疑足以称霸亚洲。

此外，其他国家的海军也在努力增强航空反潜实力。比如，印度海军除了不断升级伊尔 -38 反潜巡逻机外，还装备了多架先进的美制 P-8I，巴基斯坦海军也在积极更新其 P-3C，韩国海军购置了大量英国最新型的 AW-159（"野猫"）反潜直升机，以色列研制了先进的反潜无人机……在欧洲，除了英国和法国拥有代表性的航空反潜实力外，意大利、德国、瑞典等多国都有研制先进航空反潜装备的能力。

总而言之，多国海军对航空反潜装备的重视和发展，是全球有目共睹的。

三、展望未来——稳居要职，任重道远

反潜，是长久的海战主题。航空反潜，作为重要的反潜形式，今后还将追求更快、更高、更远、更准，并且向着多功能、智能化、无人化的方向发展。

其中，高空反潜和无人机反潜就是两个值得关注的发展方向。

（一）高空反潜

战后，随着潜艇对空能力的需求增加，世界上已出现了多种潜空导弹系统。虽然尚未经过实战检验，但是潜艇对抗飞机只能被动挨打的传统局面已

然被打破。面对潜空导弹的威胁，反潜机存在被击落的风险。于是，"高空反潜"的概念应运而生。

欧美多国提出了"高空反潜能力"（HAAWC）的概念，而美国率先研制了高空反潜鱼雷，现已装备 P-8A 海上巡逻机，使得 P-8A 可以在数万米高空投放能滑翔的 Mk-54 鱼雷，实现对潜艇的快速、远程打击。由此，还可做到"发现即攻击"，先发制人。数据表明，这种"会飞"的反潜鱼雷，如果从 6000 米高空投放，就能滑翔 30~65 千米。这样，反潜机就可以在防区外实施对潜攻击，避免遭到潜空导弹的袭击（图 1-3-4）。

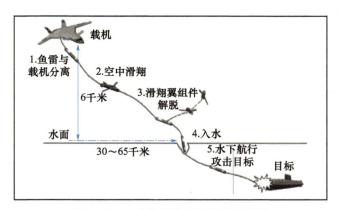

图 1-3-4　高空反潜鱼雷作战示意图

此外，美国海军还进行了高空远程布放水雷的试验并取得成功。在探潜方面，美军 P-8A 搭配的"磁探鹰"等无人机可实现海面低空搜索，而自身保持在高空巡逻，实现了真正的高空反潜。

无疑，美军的实例，代表着未来航空反潜的发展方向。

（二）无人机反潜

在信息化、自动化、智能化时代，无人机将成为战场的明星。在反潜领域，利用无人机反潜也是必然的趋势。当今，比较先进的反潜无人机有美国的 MQ 系列多种型号无人机，以及以色列的"海苍鹭"无人机等。

无人机反潜有诸多优势，比如：降低了成本、适应能力更强、体积重量减小、续航时间长；若多机协同，可扩大搜索范围、增大侦察频率和强度，实现真正的全天候不间断巡逻；由于不受人的生理机能限制，可以到达更多、更广、更艰难的地方执行任务等。

虽然，无人机存在有效载荷小，功能相对单一等不足，但这些问题正在逐步被解决。比如，美国的MQ-9B（"海上卫士"，图1-3-5）就可以在机翼下加挂4个声纳浮标布放器，使用浮标探潜，增加了任务模式。并且，随着技术的发展，大型化、多任务的察打一体无人机已经陆续出现，将来利用智能化的大型多功能无人机执行反潜任务也是指日可待的。美军的MQ-4C（"人鱼海神"，图1-3-6）就是大型海上无人巡逻机，续航时间可达24小时，最大航程超过15000千米。MQ-4C属于多功能巡逻机，具备较强的反潜能力，在美国海军装备体系中，堪称P-8A的"黄金搭档"。

综上所述，无论是高空反潜还是无人机反潜，都预示着航空反潜在将来只会更加重要，始终身居要职，任重而道远。

图1-3-5　MQ-9B"海上卫士"无人机

图 1-3-6　MQ-4C 无人机反潜作战示意图

第四节　欲行反潜，搜攻体系作战

现代战争，集成了各种武器装备和科学技术的应用，是复杂多变、斗智斗勇的过程。信息化战争，不仅是人员、装备等兵力的较量，也是各种作战系统的较量。航空反潜作战，也必然是一个体系齐全的系统。为了更深刻地理解航空反潜，我们有必要熟悉其作战系统，以便从整体上认识航空反潜。航空反潜作战系统基本组成框图如图 1-4-1 所示。

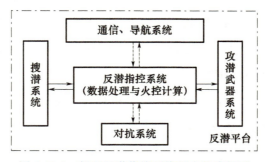

图 1-4-1　航空反潜作战系统基本组成框图

在这个系统中，首先平台是基础，需要有合适的反潜平台。典型的航空反潜平台，主要有反潜巡逻机、反潜直升机等。在平台上，安装有各种任务系统。一个基本的反潜系统，需要完成搜潜和攻潜两个主体任务。左侧是搜潜系统，用来管理雷达、声纳、磁探仪、红外/电视等多种传感设备，进行目标的搜索、识别。当确认目标后，需要实施攻击时，就要用到鱼雷、深弹等航空攻潜武器；而武器的参数设置和投放控制很重要，这都由攻潜武器系统来保障。为了提高作战效能，需要综合使用多种探潜器材或设备，并能准确投放武器，这就需要一个高效、可靠的指挥控制系统，对各种传感器信息进行快速综合分析，解算出目标参数，进而控制武器的投放，因此，指控系统是核心。当然，一个良好的平台还应该有必要的通信、导航系统，以及防备敌方反制或干扰的对抗系统，比如电子对抗等。这样，就组成了一个完整的航空反潜作战系统。

（一）反潜平台

反潜平台，是指能搭载各种搜潜设备或攻潜武器，执行反潜任务的载体。航空反潜平台，则是能满足反潜任务要求的各种飞行器，主要有飞机、飞艇、直升机等。理论上，只要能携带搜潜设备或攻潜武器执行反潜任务的飞行器，都可以用作反潜平台。但是，考虑到反潜任务的特殊性，对平台提出了一些特殊而严格的要求。比如，首先必须要能适应海上作战环境，方便使用多种搜潜设备和准确的投放攻潜武器，其次，还应有尽可能优良的飞行性能，包括航速、航程、起飞重量、实用升限等。所以，解决平台问题，是组建航空反潜力量的重要一步。

现役的航空反潜平台，以固定翼飞机和直升机为主，形成高低、远近搭配，以构建严密的海空反潜防护网（图1-4-2）。

图 1-4-2 反潜巡逻机和反潜直升机是典型的航空反潜平台

（二）搜潜系统

茫茫大海中，搜索潜艇是最大的难题。通常，为了找到目标，反潜平台需要施展浑身解数，使用多种技术手段。现代潜艇越来越安静，所以，为了能找出潜艇，反潜平台都装备有多种探测器材或设备，主要有搜潜雷达、主动声纳、被动声纳和磁探仪等（图 1-4-3），此外，还有红外/电视等辅助设备，有些反潜机还装备有废气探测仪。目前，人们还在不断研究各种新的探潜技术，比如蓝绿激光探潜等。因此，搜潜系统是由多种传感器组成的综合信息处理系统，通过信息融合和数据处理，实现对目标的识别和定位。只有设备齐全，手段多样，才能满足现代反潜作战的需求。

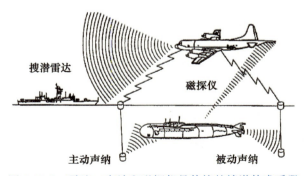

图 1-4-3 雷达、声纳和磁探仪是传统的搜潜技术手段

（三）攻潜武器

用于攻击潜艇的最有效武器，以自导鱼雷和深弹为主。当然，除了鱼雷和深弹，水雷作为传统的水中兵器，必要时，也能通过空投水雷进行反潜。不过，鱼雷仍然是首选的反潜武器。轻型航空反潜鱼雷便于携带，可由飞机或直升机投放，入水后使用声自导、能够自动搜索攻击目标，具有较高的命中率，并且威力较大，一般命中一枚就足以毁伤目标。但是，由于浅水水声干扰大，鱼雷攻击浅水及水面目标时效果较差。而航空深弹最适合攻击浅水或者浮出水面的目标，也能攻击水下目标。并且航空深弹具有成本低廉、制造容易、使用方便、维护简单等特点。因此，鱼雷和深弹搭配使用，才能保证较好的攻潜效果（图1-4-4）。所以，面对多型攻潜武器，我们也需要了解其基本性能和特点。

图1-4-4　鱼雷和深弹是代表性反潜武器（左：航空反潜鱼雷；右：航空深弹）

（四）指控系统

指控系统，即指挥与控制系统，是对机上的各种硬件（设备及武器）、软件和人员进行操作控制和指挥的总称。指控系统是整个反潜作战系统的核心，其最主要的两项功能就是战术决策和武器发射，分别对应于两个子系统，即作战指挥系统和武器控制系统。

$$\text{指控系统} \begin{cases} \text{战术决策} \\ \text{武器发射} \end{cases} \rightarrow \begin{cases} \text{作战指挥系统} \\ \text{武器控制系统} \end{cases} \Rightarrow \text{作战效能}$$

其中，战术决策的关键在于目标信息的获取，因此，需要高效地管理多种探测设备或器材的传感器信息，进行目标分析识别、定位与跟踪，并不断解算目标信息，传送给武器控制系统，进行武器选取和参数设定，最后控制武器的准确投放。

显然，指控系统的技术水平直接决定着整个反潜平台作战效能的高低。所以，集成数字化、网络化、智能化等各种高新技术的现代化指控系统，是提高作战能力的关键所在（图1-4-5）。

图1-4-5 平台需要配备先进的指控系统才能发挥整体作战效能

（五）通信、导航系统

通信和导航是平台的基础系统。对于反潜平台，除了采用通用、成熟的航空通信、导航系统外，还要考虑信息化战争条件下的特殊通信、导航需求。需要建立多种可靠、保密、抗干扰能力强的通信渠道，包括外部和内部的战术协调和交流。而导航系统在搜潜过程中起着重要的作用，如声纳浮标的布放、监听过程，目标的定位、跟踪过程等，都离不开准确的导航。目前，反潜机大都装备有惯性导航、多普勒导航、GPS 导航（我国有北斗导航系统）、战术空中导航等多种综合导航系统，以满足复杂的电磁干扰环境和海洋气象条件下的作战需求。

（六）对抗系统

装备对抗系统是提高生存力和战斗力的必要手段。一个完整的作战系统，应当考虑敌方的反制和干扰，具有一定的对抗能力。尤其是现代化战争中，电子对抗已经成了一种必要的技术手段。因此，反潜平台也要安装相应的对抗系统（图 1-4-6），既要应对敌方在反探测中可能采取的电磁干扰或水声干扰，更要防止敌方的探测或攻击。比如，P-3C 上装备的 ESM 电子对抗装置，具有信号侦察和分析能力，不仅能主动探测，还能接收对方雷达、通信设备的电磁波，进行反制或干扰。

图 1-4-6　P-3C 使用箔条弹对抗装置

综上所述，反潜实际上是一个复杂的系统过程。不仅是搜潜过程中，多种传感器的使用，要对各种搜潜设备和技术手段有足够地掌握和了解，才能高效搜索目标；而且在攻击过程中，多型攻潜武器的战术使用，要熟悉武器的性能和使用特点，才能充分发挥效能，提高命中率。此外，对航空平台的基本属性也要心中有数，才能拟定最佳航线，实施合理的搜索和攻击方案等等。所以，我们的学习也是围绕系统基本组成而展开，分模块，有条理，以便科学、高效形成对航空反潜的整体认识。简而言之，可以归纳为四句话：

反潜作战系统化，良好平台是基础，
智能指控为核心，主体任务搜和攻。

本节知识点

1. 航空反潜真正的实战起始于第一次世界大战。

2. 一战期间，飞机击沉的潜艇并不多，但有效地遏制了潜艇的猖狂行动。

3. 二战期间，逐渐出现了多种探测器材，大大提升了航空兵的搜潜能力，主要有：航空雷达、"利"式探照灯、磁探仪、声纳浮标。

4. 二战后期，飞艇由于行动缓慢易受攻击慢慢退出了航空反潜的历史舞台。

5. 美国的反潜机主要有：P-3C、P-8A、SH-60R，俄罗斯的反潜机包括伊尔-38、图-142、卡-27、米-14等。

6. 现代航空反潜的发展趋势包括高空反潜和无人机反潜。

7. 无人机反潜优势包括：降低了成本、适应能力强、体积重量减小、续航时间长；若多机协同，可扩大搜索范围、增大侦察频率和强度、可以到达更多、更广、更艰难的地方执行任务等。

第 二 章

目标含特征，环境多变化

> 反潜，必先了解潜艇，还需要了解海洋中的反潜作战环境，正所谓"知己知彼，百战不殆"。
>
> 本章从潜艇目标基本特点着手，旨在深入地"解剖"目标，进而介绍海洋环境对潜艇目标活动的影响以及对声纳等搜潜设备的重要影响，以便读者更好地了解"搜潜"和"攻潜"两大主体内容，为后续章节的学习做必备基础知识的铺垫。

第一节 水下作战，海战神兵擅突袭

潜艇，能在水下隐蔽行动，可以发射鱼雷、导弹等武器，具有很强的战斗力，是一种特殊而神秘的海战武器。那么，历史上，潜艇是什么时候出现的呢？人们很早就有了制造潜艇的设想，早在 400 年前的 1620 年，就已经开始步入实践，荷兰物理学家德雷布尔设计建成了世界第一艘潜水船，开启了人类研制潜艇的实践篇章。

广义的潜艇，是指能潜水的各种航行器，除了军用潜艇，还包括各种观光潜艇、海洋探测潜艇，以及一些无人潜艇等。当然，最主要的还是军用潜

艇。潜艇之所以被军用，就是因为其隐蔽、可用于偷袭。因此，起初人们只是想造出能潜水的船，后来很快就被用在了军事领域。如今，人们说起潜艇，通常都是指军用潜艇，是一种在水中行动的武器装备。

下面我们就来了解这种熟悉而又陌生的神秘武器装备。

说熟悉，是因为几乎人人都知道潜艇的存在，说陌生，又是因为没几个人真正见过潜艇。这种号称"水下幽灵"的神秘武器，究竟是如何行动，如何作战的呢？本章我们通过不同时期潜艇的作战能力和使命任务，来了解潜艇的发展。

一、看历史，潜艇作战能力的衍变

早期的潜艇如何作战呢？

起初，潜艇只能通过潜行至敌方船底布放定时炸弹来实施偷袭。历史上，美国人制造的"海龟"号潜艇就是因此而诞生的（图2-1-1），并留下了鼎鼎大名。1776年9月，"海龟"号潜艇偷袭纽约港的英国军舰"鹰"号，虽然未获成功，但是开创了潜艇首次袭击军舰的历史。

由于技术有限，受水下动力问题的困扰，直至一战之前的很长一段时间，潜艇发展缓慢而艰难，但从未中断。当时，潜艇先是使用摇桨方式依靠人力推进，后来使用压缩空气做动力，再后来，蒸汽机被用在潜艇上。但都难以实现在水下稳定而安全的潜航，不能有效解决动力难题。

后来，随着电力技术的发展，出现了装备蓄电池的潜艇，能在水下使用电力航行，下潜深度加大，潜航时间变长，大大提升了隐蔽作战的能力。然而，直至一战前期，柴油机在潜艇上的成功使用，才真正实现了大功率和安全性的需求，这种使用柴油机和电动机组合形成动力系统的潜艇，成就了经典的常规动力潜艇——俗称"柴电潜艇"。直到今天，柴电动力的潜艇，依然在持续发展使用，并且是中小型潜艇的主力。

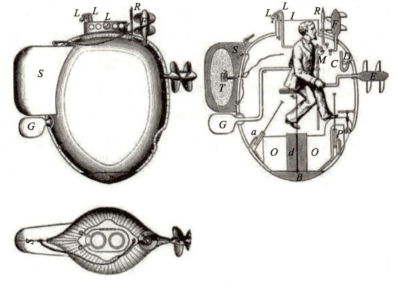

图 2-1-1 "海龟"号潜艇三视图

至于武器装备,早期的潜艇主要使用定时炸药或者一种叫做"撑杆雷"的武器,在艇艏有一具长长的撑杆,杆头绑着炸药包,抵近目标后引爆(图 2-1-2)。无疑,这是一种为"敢死队"设计的武器。

图 2-1-2 潜艇使用"撑杆雷"示意图

19 世纪 60 年代,在美国南北战争中,南军建造了"亨利"号潜艇(图 2-1-3),使用水雷攻击敌方舰船。1864 年 2 月 17 日夜,"亨利"号用水雷炸沉了北军战舰"豪萨托尼克"号,首创潜艇击沉军舰的战例。

图 2-1-3 "亨利"号潜艇

可见，早期潜艇的作战，主要是偷偷潜航接近目标后，使用炸药或者布放水雷。显然，当时的潜艇本身也是极其不安全的，采用几乎是自杀式的攻击方式，一般即便偷袭得逞，艇员也面临"陪葬"的危险。

鱼雷在潜艇上的成功使用，才使得潜艇成为了真正意义上的现代潜艇。1881年，美国的"霍兰"Ⅱ号潜艇安装了能在水下发射鱼雷的专用发射管，这是潜艇发展史上一项重要变革。其后，装备鱼雷的潜艇迅速发展，1897年的"霍兰"Ⅵ号潜艇，成为了经典的鱼雷作战潜艇，艇首装有鱼雷发射管，可带3枚鱼雷，配合甲板上2门火炮的使用，使潜艇成了海中猛兽，令人望而生畏。正是这种潜艇，奠定了美籍爱尔兰人霍兰作为"现代潜艇之父"的地位（图2-1-4）。

除了鱼雷，机枪和火炮也一度在潜艇上使用。毕竟火炮才是海战中比较成熟的主力武器。当潜艇悄悄抵近目标后，浮出水面，使用甲板上的机枪、火炮进行射击，通常对方由于措手不及，难逃毁伤噩运。在很长一段时间里，火炮和鱼雷搭配使用，成为潜艇的主要武器装备（图2-1-5）。

图 2-1-4 "霍兰"号潜艇初期型号

图 2-1-5 早期的潜艇以甲板上的火炮为主要武器

1914年8月,第一次世界大战爆发之际,世界上已有将近300艘潜艇在服役,并且还在不断制造。尽管当时的潜艇还存在不少弱点和局限性,但还是很快开始挑战水面舰艇在海战中的传统统治地位。甚至,德国依靠潜艇几乎赢得了战争的胜利。一战中,德国的U型潜艇(图2-1-6)在大西洋大显身手，成为大规模生产的经典潜艇，在海战史上留下了浓墨重彩的一笔。并且，随着战争的需求，潜艇越造越大，潜艇上装备的鱼雷，由起初的 450 毫米口径发展成了 533 毫米口径甚至更大，鱼雷发射管的数量也增加至 6 具，每艘潜艇可以携带十几枚或者更多的鱼雷。在潜艇的甲板上，通常还装有 1~2 门火炮。一些潜艇还装备了高射机枪或火炮用于防空。此外，出现了专门的布雷潜艇和用于远洋作战的大型巡洋潜艇，配备鱼雷二十多枚，续航力达到数万海里。在战火的洗礼中，潜艇的作战能力突飞猛进。

图 2-1-6　一战时期的德国 U 型潜艇

二战时期，潜艇继续使用火炮和鱼雷，实施海上封锁、破坏交通线和港口偷袭等任务。此间，鱼雷制导技术的发展特别是声自导鱼雷的出现使潜艇如虎添翼。值得一提的是，火炮并没有被淘汰，因为水面作战仍然是潜艇的主要作战方式之一，甚至，德国海军为一些潜艇专门设计了高射火炮，用于对付飞机的袭击。

后来，随着反潜兵力越来越强大，由于火炮射程有限且容易暴露，因此逐渐被淘汰。并且由于水下潜航的需求，为了减小水下阻力，潜艇需要设计成流线型艇体，其上层甲板变得越来越光顺圆滑。从此，潜艇变成了以鱼雷为主要武器、长期潜伏水中的"幽灵",同时发展了水下侦察和布放水雷的作战能力。

战后,核潜艇以及潜射导弹的出现,带来了潜艇作战能力的新一轮变革。核潜艇加大了潜航深度并极大地提升了续航力和水下潜伏时间,而弹道导弹使得潜艇的作战区域扩展到了岸上,可以攻击沿岸甚至是内陆的重要目标,如果带上核弹头,更是直接以城市为攻击目标。因此,潜艇成了海军中神通广大的水下得力干将。

现代潜艇,能装备鱼雷、导弹、水雷等多种武器(图2-1-7),甚至能使用核弹,构建海基核力量,成为水下核武库,其综合作战能力超强,是各国海军致力追求的战争神器。

图 2-1-7 以鱼雷和导弹为主要武器的现代潜艇典型结构示意图

二、望未来,潜艇使命任务的变迁

现代的先进潜艇,已经向着多功能、多任务的方向发展,比如美国的"弗吉尼亚"级(图2-1-8)、"哥伦比亚"级,俄罗斯的"北风之神"级(图2-1-9)等。即便是常规潜艇,也能承担多项任务,特别是一些能发射导弹的常规动力潜艇以及装有AIP动力系统的现代潜艇。

以"弗吉尼亚"级核潜艇为例,"弗吉尼亚"级核潜艇是美国海军仍然在建的新一级多用途攻击型核潜艇，它将逐步替换"洛杉矶"级攻击型核潜艇，成为美国海军 21 世纪近海作战的主要力量，同时也保留了远洋反潜能力。首艇"弗吉尼亚"号（SSN-774）于 1998 年开工建造，已于 2004 年服役。美国海军计划共建 30 艘。该级艇长 114.91 米，宽 10.36 米，吃水 10.1 米，水下排水量 7800 吨，水下航速 34 节，下潜深度可达 488 米。核反应堆一次装料可使用 33 年。装备 4 具 533 毫米鱼雷发射管和 12 个"战斧"巡航导弹垂直发射管，并安装最先进的综合信息作战系统。该级艇还能发射美国海军最新研制的"曼塔"可回收自主式无人潜水器，用于水下侦察、扫雷和反潜；还能快速部署 6 人"海豹"突击小组，该小组配备专用的小型潜艇，其航程为 125 海里，可以直接与"弗吉尼亚"级潜艇对接，形成"子母艇"。

图 2-1-8　美国"弗吉尼亚"级潜艇

综上所述，现代潜艇的使命任务不再仅仅是攻击水面舰艇或运输船、破坏海上交通线，而是兼顾着反舰、反潜、侦察、布雷、运送特战分队、救援、对岸攻击等多种任务，甚至担负着核威慑、核打击的使命。

图 2-1-9　俄罗斯"北风之神"级潜艇

此外，为了适应新时代兼顾近海和远洋作战等需求，一些发达国家还在研制新概念潜艇。

比如，俄罗斯推出了水泥潜艇，这种潜艇根据飞行器原理设计，以电池为动力，两侧有翼，在潜艇向前航行时可产生升力，下潜则依靠水泥潜艇自身的重量。由于其只需少量艇员操作，因此可以多艇实施"狼群"战术作战，再配以当今最先进的潜射武器，将对航母编队等造成巨大威胁。

英国设计的 SSGT 潜艇，首次以燃气轮机为动力，有着接近核潜艇的水下机动性，造价和噪声却比核潜艇低。

法国在新概念潜艇方面比较突出，已先后推出多种新潜艇。其推出的 SMX-22 潜艇，是一种具有全新概念的三体组合潜艇，包括一艘大型网络中心战母艇和两艘小型高效作战子艇。而 SMX-25 则是一种可同时进行水面和水下作战的新概念潜艇。近年来，法国又推出了全新概念的 SMX-31（图 2-1-10），采用了超前设计理念和多种先进技术，超凡脱俗，科技感十足。这种潜艇是以应对 2050 年的水下作战环境为目标进行设计的。

MX-31 新概念潜艇采用类似抹香鲸的扁平艇体（图 2-1-11），取消了指挥塔围壳，艇体表面覆盖着由特殊橡胶材料制成的鳞片，能起到消声瓦的作用，还集成了不同的传感器；在潜艇后部，采用 X 舵布局，常见的螺旋桨已经消失，被左右两侧的推进器替代，大幅减少航行阻力和噪声，并且非常适合在浅海水域活动。采用纯电力驱动，选用燃料电池和超高容量锂电池混合动力，可以在水下巡航40天，潜深至少250米，巡航速度为6节左右。改进动力装置后，该艇前后都有鱼雷发射管。为了适应现代化条件下的海战，SMX-31配备有UUV搭载舱、逃生舱、蛙人投送舱等。据称，SMX-31潜艇可以携带多达46种武器，具有超强的作战能力。多国专家认为，SMX-31一定程度上代表着未来潜艇的发展方向。

图 2-1-10　欧洲海军展上的SMX-31模具展台

由此可见，未来，潜艇的地位只会越来越重要。随着各种技术的发展，现代潜艇越来越安静，火力越来越强大，是值得各国海军拥有的理想武器。甚至可以说，如今，拥有潜艇的海军，才是真正的海军。

图 2-1-11　外形极具魔幻视感的MX-31新概念潜艇

本节知识点

1. 1620年，荷兰物理学家德雷贝尔设计建成了世界第一艘潜水船。

2. "霍兰"号潜艇成功使用鱼雷，使得潜艇成为真正意义的现代潜艇，因此美籍爱尔兰人霍兰被称为"现代潜艇之父"。

3. 现代潜艇使用的武器主要有：鱼雷、导弹、水雷等。早期潜艇的武器包括甲板机枪和火炮。

4. 现代潜艇可执行的任务主要包括：反舰、反潜、对岸攻击、侦察等。

5. 美国核潜艇在海湾战争中曾对伊拉克发射"战斧"导弹。

第二节　静秘潜航，水下活动含特征

潜艇具有很强的水下作战能力，它最擅长的就是发动突然袭击。所以在水下航行时，潜艇总是力图保持自己的隐蔽性。但这又谈何容易，反潜机总会利用各种手段来发现它的蛛丝马迹。

潜艇在水中活动，总会或多或少导致海水中声、磁、光、电、水压、温度等参数发生变化，反潜机可以利用这些变化来搜索潜艇。为了更好地理解反潜机各种搜潜手段的运用，我们有必要先了解潜艇的水下目标特性。

一、潜艇声特性

声波是一种比较容易在水中传播的能量形式。而潜艇在水下活动，不可避免会产生噪声，所以目前声学手段是探测水下潜艇最重要的手段，反潜机上用来探测声波的设备就是声纳。

根据声纳工作方式的不同，可以分为主动声纳和被动声纳。

主动声纳是首先发射声波，再接收潜艇的回波。对于主动声纳，我们关心的是潜艇哪些因素会影响回波的强弱。

潜艇通常呈现水滴形的细长结构，从不同方位观察，可以发现它的截面大小是不一样的，这就导致不同方位反射声波的能力也不一样。在潜艇正横方向附近，反射面最大，所以回波最强；在潜艇首尾方向附近，反射面最小，所以回波最弱。

可以用一组曲线来描述潜艇不同方位反射声波能力的强弱，也就是潜艇的目标强度曲线。这组曲线的形状看上去像蝴蝶，所以也叫作"蝶形图"（图 2-2-1）。

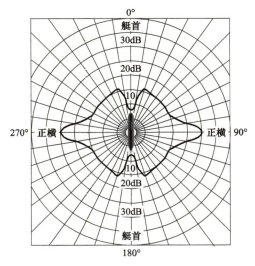

图 2-2-1　潜艇目标强度"蝶形图"

被动声纳不发射声波,只是安静的接收潜艇辐射的噪声信号。对于被动声纳,我们关心的是潜艇辐射噪声的种类和特点。

一般来说,潜艇的主要噪声源有三种,分别是机械噪声、螺旋桨噪声和水动力噪声。

机械噪声是潜艇内各种机械运转摩擦和振动时产生的噪声,通过艇体将这些噪声辐射到海水中。它是辐射噪声中低频部分的主要成分,是潜艇低速航行时的主要噪声源。

螺旋桨噪声是由螺旋桨的转动和水流相互作用引起的,即主要由螺旋桨叶片振动和螺旋桨空泡产生。螺旋桨噪声是潜艇高速航行时辐射噪声的主要成分,多以高频为主。当螺旋桨转速较快时,叶片表面局部静压力下降会产生气泡,而气泡离开叶面后又会破裂,产生一种水冲击噪声,叫做空化噪声(图 2-2-2)。空化噪声不但会使潜艇噪声急剧增加,而且还会使螺旋桨叶面腐蚀受损。

图 2-2-2　螺旋桨空化现象

水动力噪声是海水流过潜艇不规则表面时,产生的湍流造成的。与上述两种噪声源相比,水动力噪声是次要的。

总之,潜艇的辐射噪声是众多噪声源的综合效应,它们产生的机理各不相同。因此,辐射噪声的谱线形状也比较复杂(图 2-2-3)。

噪声谱有两种基本类型，一种是单频噪声，它的谱线为线谱，如图 2-2-3（a）所示。另一种是连续谱，噪声级是频率的连续函数，如图 2-2-3（b）所示。对潜艇辐射噪声而言，在很大的频率范围内，实际的噪声由上述两类噪声混合而成，其谱线表现为线谱和连续谱的迭加，如图 2-2-3（c）所示。

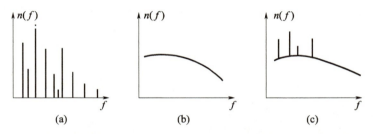

（a）线谱；（b）连续谱；（c）由（a）和（b）迭加得到的混合谱。

图 2-2-3　辐射噪声谱示意图

不同潜艇的噪声谱都有其独具的特点，可以通过这些特点来区分潜艇，这些噪声谱的特征也被形象地称为潜艇的"声纹"，这给探测识别潜艇提供了有效的线索。

为了降低被声纳发现的概率，潜艇采取了很多降低自身噪声的措施。

例如，为了减小机械噪声，潜艇会将噪音大的机械设备安装在浮筏隔振系统上，会在艇体表面敷设消声瓦。

为了降低螺旋桨噪声，潜艇会改变螺旋桨结构，采用大侧斜螺旋桨，或采用泵喷推进技术等。

为了降低水动力噪声，潜艇会优化艇体设计，使得表面尽量光滑，尽量减少艇体突出物和开孔数量。

二、潜艇磁特性

我们知道，地球存在着天然的磁场，是一块巨大的"磁铁"。其平均磁场强度为 50000nT 左右。基本特点是赤道地区弱，两极地区强；地磁场的方向在赤道方向与地表平行，在两极接近垂直。

通常潜艇壳体是由高强度合金钢制成的，这些铁磁性物质长时间处在地球这块大磁铁的环境下，会被逐渐磁化，使自身带有一定的固定磁场。当潜艇在海洋中航行时，自身磁场和地球磁场相叠加，会导致潜艇所在区域的总磁场出现起伏，反潜机就可以利用这些磁场的变化来判断是否存在潜艇（图 2-2-4）。

图 2-2-4　反潜机装备磁探仪搜潜示意图

当然，潜艇为了隐蔽自己，也会定期开展消磁作业，也就是靠人工的方式产生强大磁场作用于潜艇上，削弱潜艇的固有磁场。

三、潜艇其他目标特性

由于潜艇越来越重视声、磁的隐身设计，反潜机单纯靠声纳和磁探仪探测潜艇的局限性越来越明显。这种情况下，各国都在加强开展声、磁之外探潜手段的研究，对潜艇的其他目标特性有了越来越深入地认识。

关于潜艇的其他目标特性，目前比较常见的包括水压场、电场、温度场、重力场、尾流等。下面主要介绍一下水压场和电场。

潜艇水压场的变化是由潜艇与水体间的相对运动所引起的。因此，可利用潜艇引起周围海水压力的变化来探测潜艇的存在。由于水压场的探测距离很近，目前它主要是应用在水雷的引信中。

潜艇通常由多种金属材料制成，不同种类的金属在海水中会呈现不同的电极电位。海水为电解质，不同金属与海水共同组成了原电池。一般为了避免阳极被腐蚀，舰船上广泛采用阴极保护系统。不论是原电池还是阴极保护系统都会使潜艇周围的海水产生电流。电流回路的电阻抗因螺旋桨轴承的旋转呈现周期性变化，导致海水中电流被调制，时变电流产生的电磁波由壳体向外传播，形成极低频电场，这就可以作为检测潜艇的依据。

尽管这些探测手段还都算不上主流，只起辅助作用，但它们所占的比重却一直在增加，都是需要引起重视的。

最后，以四句话对以上内容作个小结：

声学特性最重要，减震降噪要知晓，

非声手段日益强，协调配合有技巧。

本节知识点

1. 潜艇的主要噪声源包括：机械噪声、螺旋桨噪声、水动力噪声。

2. 潜艇在水中活动，会导致海水中声场、磁场、电场、水压场发生变化。

3. 潜艇的声谱线是线谱和连续谱的迭加。

4. 影响海水声速的最主要因素是温度。

5. 潜艇正横方向反射声波能力最强；潜艇艏艉方向反射声波能力最弱。

6. 主动声纳是首先发射声波，再接收潜艇的回波。被动声纳不发射声波，只是安静地接收目标辐射的噪声信号。

第三节 深海猎鲨，海洋环境常变化

反潜是世界性难题，难就难在海洋环境的复杂性上。海洋环境变化莫测，很多因素有利于潜艇在水下保持隐蔽。海洋作为战场，有其独特的环境特征。比如对水下目标的探测，以目前人类所掌握的方法和手段，唯有声纳最为有效。而声纳设备的使用，依赖于海洋的水声环境。声纳也是当前搜索潜艇的主要设备，为了更深入理解反潜作战，本节从声波在海洋中的传播入手，讲述潜艇活动的海洋环境特点。

一、海况的影响

海况也称为海面状况，是指由风浪和涌浪引起的海面外貌特征。按照国际标准，海况共分为10级，海况的高低对航空反潜作战影响很大。

航空反潜作战的双方，一方在水下，一方在空中。在高海况的情况下，潜艇可以方便地潜到水下躲避风浪，而空中的反潜机却无处可躲。

反潜机搭载的声纳必须在海水中工作，在高海况下，海洋噪声会增大，再加上声纳晃动加剧，声纳自噪声也会增加，所以探潜效果会急剧下降。海况再高的话，还会影响直升机在舰船上的起降及飞行安全，这时航空反潜将不得不终止。通常，各种反潜兵力和反潜装备最多只能在6级以下海况开展行动和作战。

海况对声纳浮标性能的影响更为明显（图2-3-1）。波浪形成的表面流会把空投入水的声纳浮标带走，从而影响对目标的定位精度。起伏的波浪会降低声纳浮标的探测距离，还会缩短浮标无线电的通信距离。

图 2-3-1　海况对声纳浮标的影响

二、海底的影响

受技术条件的限制,当前作战潜艇的最大潜深还比较有限。在深海区域,由于潜艇距离海底较远,海底对潜艇的探测没有太大影响。但浅海区域的海底,也就是大陆坡、大陆架区域对航空反潜却有很大的影响。

从声纳探测的角度来说,在平坦海底和地形多变海底的海域搜潜效果有很大的区别。对于海底多变的情况,许多突出的岩石和小山反射的回波很强,回波特征也和在海底附件活动的潜艇很接近,这些强回波的出现,导致声纳需要识别大量的假目标,难以搜寻真正的潜艇。即使是平坦的海底,不同的底质对声波的吸收和反射能力也有很大差异。坚硬底质的海底能大量反射声波而形成强混响,很容易掩盖实际潜艇的回波(图 2-3-2)。

图 2-3-2　有些潜艇会坐沉海底以躲避搜查

另外，在浅海环境下，海底磁场的变化还可能影响到磁探仪的使用。这是为什么呢？首先在浅海环境下，海底可能存在分布不均匀的金属矿，这会破坏反潜区域内地磁场的均匀性，加大磁探仪探潜的难度。其次，浅海海底还可能存在一些沉船或其他人工铁磁性物体，由于它们处在磁探仪的作用范围内，这些物体会使磁探仪探测的信号出现异常，并且这些信号还与潜艇磁场信号相似，这会增加磁探仪的虚警率，影响对真正潜艇目标的判断。

三、海水声速的影响

当前航空反潜的主要手段还是声纳，而声纳是使用声波工作的。声波在海洋中的传播规律与海水的声速密切相关。

一般在声纳作用距离范围内，即某局部海域，海水可以看做是水平分层的声介质，即同一深度的海水在水平方向上的参数（温度、盐度）基本是一样的。但海水在垂直方向上的参数变化却非常明显。

乌德公式是一个简单而有效的用来估计海水声速的经验公式：

$$c=1450+4.21T-0.037T^2+1.14(S-35)+0.175P$$

式中：c 是海水中的声速；T 是海水温度；S 是海水盐度；P 是海水静压力。可以看出，影响声速的三个主要因素是温度、盐度和压力。声速随三个因素的增加而增加，但海水温度的影响最为显著（因子为 4.21）。在它们的影响下，典型的深海垂直声速分布如图 2-3-3 所示。

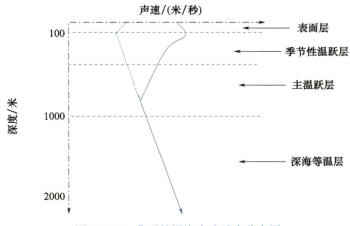

图 2-3-3　典型的深海声速垂直分布图

总体来说，从海面向海底看，声速呈现先增加、后减小、再增加的变化趋势。为什么会这样呢？这主要看海水中温度随着深度（压力）而变化的情况。因为在某一水域，海水盐度变化极小，可认为几乎均匀不变，所以主要考虑温度和深度的变化对声速的影响。

在靠近海表面的混合层，经过风浪的搅动混合，会形成表面等温层，因此这一段温度变化很微小，可认为不变，但随着深度的加大，海水压力随之增加，所以声速逐渐增加。海水表面混合层厚度一般约为 30 米到 100 米，跟季节性的阳光照射和风浪大小有关。

在混合层之下是季节性温跃层和主温跃层。由于在这个深度范围海水较少受到风浪的搅动，温度分布主要受太阳照射的影响，随着深度的增加，温度逐渐降低且趋势明显，声速也逐渐降低。虽然深度也在增加，压力增大，但温度对声速的影响更大，所以这一段声速是明显下降的。其中季节性温跃层会随季节变化，而主温跃层几乎不受季节影响。

在主温跃层以下的深度，太阳已经影响不到海水的温度了，而海水的温度也降低到接近 0℃了，所以水温是相对比较恒定的，称为深海等温层。这一层的声速分布主要取决于海水静压力，所以声速呈现出几乎是线性增加的趋势，即随着压力（深度）增大而增加。

根据声波的折射定律可以知道，只要声速变化，其传播的方向就会变化，并且变化的趋势是：声波传播方向会向声速变小的方向弯曲。在声速呈现垂直分层变化的海水中传播时，随着声速的变化趋势，声波的传播就会向着海面或者海底弯曲。我们可以用一组曲线来形象的描述声波的传播路径，这就是"声线"。

在有些声速分布下，声线在海水中会上下来回翻转，既不碰海面也不碰海底。这种情况避免了触碰界面时带来的声波损失，非常有利于声波的传播，好比形成了一个相对集中的传播通道，我们把这种情况称为声道传播。

在同样的声速分布下，如果改变声源深度，还会出现声波在远处海面重新聚集的现象，这就是"汇聚区效应"，如图 2-3-4 所示。利用"汇聚区效应"，声纳可以发现 50 千米甚至 100 千米以外的目标。

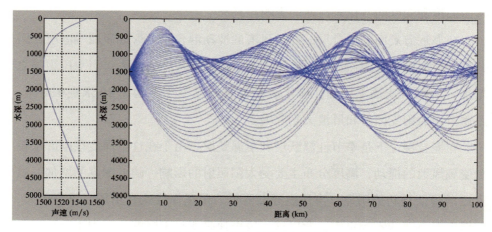

图 2-3-4　计算机仿真声线图

当然在有些情况下，也会出现不利于探测潜艇的情况。例如，在一种负声速梯度情况下，可以发现声波均向下弯曲，且多次碰到海底再反射，如图2-3-5所示。由于声波每碰触一次海底就会损失较多的能量，所以这种情况下，声波就很难传播到较远的地方去。

观察声线图还可以发现，在靠近海面的区域，基本没有声线能够到达，这说明不管这些地方距离潜艇多近，都不能探测到潜艇。这些声线难以到达的区域，就是声纳探测的"盲区"（图2-3-5）。

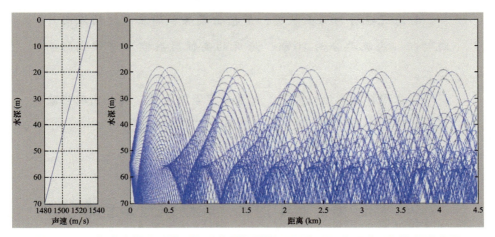

图2-3-5　负声速梯度下靠近海底声纳探测的"汇聚区"和"盲区"仿真示意图

总之，声线是一种非常直观的分析声波传播特点的手段，但是它不够精确。要想更科学、准确的运用声传播规律探测潜艇，还需要有专门的声传播损失的计算进行修正。

如何根据计算结果，充分利用声道传播提高声纳探测距离，或者通过改变声纳深度，避免声纳落入探测"盲区"，寻找最佳探测深度是声纳操作员必须认真考虑和科学决策的问题。

最后，以四句话作个小结：

海况过高反潜难，浅海回波干扰多，
声速影响最显著，搜索深度是关键。

> **本节知识点**
>
> 1. 典型海区中，海水垂直方向可以分为混合层、季节性温跃层、主温跃层、等温层。
> 2. 声在海洋中传播时，声波难以到达的区域称为"盲区"。
> 3. 负声速梯度下，声波是向海底方向弯曲的。
> 4. 海况也称为海面状况，是指由风浪和涌浪引起的海面外貌特征。海况共分为10级，海况的高低对航空反潜作战影响很大。
> 5. 在同样的声速分布下，如果改变声源深度，还会出现声波在远处海面重新聚集的现象，这就是"汇聚区效应"。

第四节　水中对抗，软硬兼施逃追捕

航空反潜作战的战场既包括空中，也包括水下，反潜机可以充分利用战场优势，具有更大的主动权，而潜艇却很少装备攻击反潜机的武器。但是在作战过程中，潜艇也不会坐以待毙，它会在水下采取相应的对抗手段。进行航空反潜作战时，反潜机首先要利用各种手段搜索潜艇，找到潜艇后，再利用携带的鱼雷或深弹武器攻击潜艇。本节讲述在这个过程中，潜艇有哪些手段可以用来对抗反潜机的搜索和攻击。反潜战中，及时的了解和考虑对手如何接招与应招，才能做出更有效的出招，是谓"知己知彼"。

一、软对抗手段

软对抗就是潜艇为了躲避反潜机搜索和攻击，提高自身隐身性能所采取的相关措施。主要包括降低自身噪声、减弱反射回波、进行战术机动等。

为了降低自噪声（图2-4-1）和减弱反射回波，先进的潜艇会采用泵喷推进技术、开展流线型设计、艇壳外侧安装消音瓦、发动机安装减震浮筏等措施。为了消除自身磁场，降低被磁探仪发现的概率，潜艇还会定期消磁或在艇体内预埋消磁线圈。

在与反潜机对抗时，潜艇还会利用声波传播特性和海区水文条件，寻找有利于隐蔽的深度，采取变向、变速、变深等战术动作躲避搜索与攻击。

简而言之，软对抗有"躲"和"藏"的意识，目的是尽力使对方难以发现或找不到自己。

图 2-4-1　潜艇的主要噪声源

二、硬对抗手段

相比软对抗，硬对抗不是"躲"和"藏"，而是采取还击或主动出击的手段。因此，硬对抗也叫主动对抗，是潜艇主动对反潜机搜潜设备进行干扰、对攻潜武器进行诱骗、摧毁而采取的对抗措施。硬对抗通常需要潜艇配备专门的水声对抗器材。下面介绍几种典型的潜艇水声对抗器材。

（一）水声对抗器材

1. 压制式器材

压制式器材主要是通过发射宽频带、大功率的噪声，抑制反潜机声纳或鱼雷自导头的工作。典型的压制型器材就是噪声干扰器（也称干扰弹），这是潜艇普遍装备的器材，通常根据噪声频段分为高频噪声干扰器、低频噪声干扰器和宽带噪声干扰器等。压制式器材对于声纳的工作只是起到了增加背景噪声的作用，当声纳采用了比较先进的声发射和处理技术后，即使背景干扰加大，也能有效识别出潜艇回波。

2. 阻断式器材

阻断式器材主要是通过形成或建立阻隔区以掩护潜艇机动逃逸，其作用好比烟雾弹。最典型的阻断式器材是气幕弹（图 2-4-2），也称气体发生器，它装有化学物质（俗称药块，主要成分是氢化钙），和海水接触后会迅速产生大量气泡并持续一定时间，在潜艇附近形成一道气幕。气幕能起到两种作用：一是气幕层能反射主动声纳信号产生回波形成假目标，起到欺骗和迷惑作用；二是气幕层能屏蔽潜艇自身的辐射噪声，同时还因气泡产生和破裂过程形成噪声掩蔽，使对方被动声纳的作用距离明显减小。气幕弹廉价实用，也是多数潜艇必备的器材。

3. 诱骗式器材

诱骗式器材的主要作用是制造假目标。诱骗式器材能够模拟潜艇目标的部分特征，从而诱使对方的声纳或鱼雷进行错误的跟踪和攻击。典型的诱骗式器材就是声诱饵（图 2-4-3）。为了更好地迷惑对方，先进的诱骗式器材还具备自航能力，比如自航式声诱饵。还有更为复杂的诱骗式器材不但能够模拟潜艇的噪声及对方声纳的反射回波，甚至还能模拟潜艇的尺度特性、磁场特性和尾流特性，所以常被形象地称为"潜艇模拟器"。

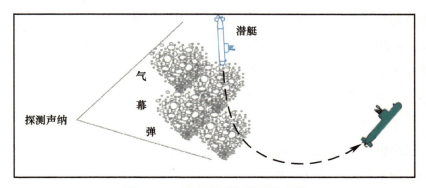

图 2-4-2　潜艇使用气幕弹示意图

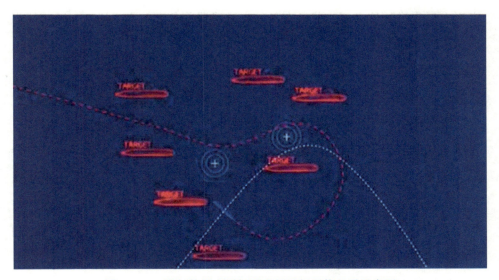

图 2-4-3　潜艇使用声诱饵形成假目标干扰鱼雷示意图

4. 诱杀式器材

诱杀式器材实际上是诱骗式器材与爆炸装置的组合，其主要作用原理是：把敌方的声制导武器诱骗到附近后，立刻引爆爆炸装置，从而将对方武器摧毁。使用诱杀式器材是现代潜艇对抗来袭鱼雷的一种有效手段。

（二）高级对抗措施

上述各种器材在对抗声自导鱼雷时，实现有效防御的前提是能够成功欺骗鱼雷的自导装置，一旦鱼雷具有较强的假目标识别能力，这些器材都将失去对抗作用。所以，先进的潜艇还要考虑更高级的对抗措施或手段。现代先进潜艇上已经出现了多种更加积极主动的对抗设备或技术手段，比如水声预警系统、反鱼雷鱼雷、潜空导弹等。

1. 水声预警系统

最高级的对抗方式无疑是在对手刚要出招或者尚未出招就已经获知敌情进而采取了相应的措施。先进的水声侦察和预警系统能先敌发现，从而先发制人，御敌制胜。美国的"海狼"级潜艇是冷战时期的终极产物，曾一度是世界上最先进的核潜艇，装备有各种先进武器装备和技术手段，包括功能强大的水声预警系统，依靠性能先进的水声探测装置，能够实现预先发现敌人、预判敌情、来袭鱼雷报警等，从而获得极大的主动权，便于采取更合适的对抗措施。"海狼"级装备的AN/WLR-17型水声警戒（威胁）报警系统，是专用侦察声纳系统，能监听主动声纳和鱼雷主动声自导，进行威胁报警和判断，可对主动声纳进行定位、测量信号的频率、方位和强度；可探测主动声自导鱼雷信号，并通过与数据库中的目标舰艇、鱼雷声纳数据比较，做出威胁判断；提供目标数字显示。美国"洛杉矶"级核潜艇也装备了较先进的水声警戒（威胁）报警系统，能监听主动声纳和鱼雷主动声自导，进行威胁报警和判断。俄罗斯等国研制新型潜艇时也非常重视预警系统的研发和使用。

2. 反鱼雷鱼雷

反鱼雷鱼雷是一种快速反应的小型鱼雷，从长远看是一种理想的硬杀伤手段。首先它要准确捕获、跟踪来袭鱼雷，判断它的攻击线路，然后快速对鱼雷进行追击、拦截，当来袭鱼雷处于杀伤半径以内时，引爆炸药，使来袭鱼雷失去攻击能力。但是由于它对目标探测及自身机动能力要求非常高，目前反鱼雷鱼雷的应用还很不成熟。

3.潜空导弹

各国为了改变潜艇面对反潜机时被动挨打的局面，也在发展潜空导弹系统。

潜艇可以采用多种方式发射防空导弹。最初，潜艇采取水面或半潜状态发射导弹，但这样潜艇就会暴露自己的位置。后来，又发展出了可以水下发射的防空导弹（图 2-4-4），这样可以较好地隐蔽潜艇，但要求导弹具有较强的自导能力。目前，有的潜艇可以用水下运载器将导弹运至远离潜艇处再出水，进一步降低了暴露风险。

可以想象，未来将出现越来越多有创意的潜艇防空武器，例如可用潜艇释放的无人机携带导弹反击反潜机。

图 2-4-4　法国 DCNS 集团宣传的潜空导弹作战示意图

需要指出的是，尽管潜艇为了确保具有较强的水下生存能力，有很多水下对抗的手段可以使用。但是在没有确信被跟踪或攻击时，潜艇是不会轻易使用任何对抗手段的。因为如果贸然使用，可能反而会引起对方的注意，导致引火烧身。

由此可见，航空反潜至今仍然具备不对称优势，特别是随着高空反潜和利用无人机反潜等能力的发展，潜艇一旦被发现，面对航空兵，依然是被动挨打的局面。

终上所述，潜艇的对抗，可以归纳为以下四句话：

软硬对抗逃追捕，软抗隐身加机动，

硬发射抗多器材，诱骗诱杀较多用。

本节知识点

1. 潜艇会通过发动机安装减震浮筏、艇体安装消音瓦、采用泵喷推进技术、流线型设计等降低自噪声。

2. 先把敌方的声制导武器诱骗到附近后，再引爆爆炸装置将其摧毁的对抗方式属于诱杀式。

3. 反鱼雷鱼雷可以准确捕获、跟踪来袭鱼雷，快速对鱼雷进行追击、拦截。

4. 潜艇对抗鱼雷的软对抗手段包括降低自身噪声、减弱反射回波、进行战术机动等。

第 三 章

航空带优势，平台是基础

"皮之不存，毛将焉附？"，再好的搜潜设备和攻潜武器，也需要有合适的平台才能遂行航空反潜作战任务。因此，平台是基础，航空反潜需要有合适的航空平台。了解航空反潜装备，也必要先熟悉航空反潜平台。

航空反潜平台是指可携载搜潜设备或攻潜武器等有关武器装备，遂行航空反潜作战任务的飞行器。航空反潜作战主要完成对敌潜艇的探测和攻击两大任务，各种探测仪器设备和攻潜武器都需要一个稳定而具有良好机动性的空中平台。这种空中平台，一方面要具有抵抗外部干扰，自动恢复原来平衡状态的能力，以便为其仪器设备的工作及武器的发射提供一个稳定可靠的基础；另一方面又要具有能根据要求改变其飞行速度、方向和加速度的能力，从而为其飞行提供机动性的手段。本章从飞行器的分类和特点出发，结合历史上的反潜装备实例，叙述典型航空反潜平台的发展与现状。

第一节 各显身手，空中齐力猎鲨

航空反潜作战主要是利用航空兵力实施对敌潜艇的搜索和攻击，从空中反潜，一是空中侦察看得远、范围广，二是可以实施快速袭击，更精准、效果好。正因为航空兵的优势，历史上，为了对付潜艇，多种飞行器被派上了用场，它们各显身手，在反潜战中发挥了关键作用。

一、反潜飞行器的分类及特点

历史上出现的反潜飞行器主要包括飞机、飞艇和直升机三大类。而战后出现的倾转旋翼机作为飞机和直升机相结合的一种产物，也可用于反潜。现代，无人机反潜正在加速发展中。下面我们分别看看各类反潜飞行器的特点。

（一）飞机

飞机专指固定翼飞机，是一种由动力装置产生前进推力，由固定机翼产生升力，在大气层中飞行的重于空气的航空器。

飞机是最早用于反潜的飞行器。早在一战前期，英、德等国就组建了反潜航空兵部队。两次世界大战中，出现了多型反潜专用水上飞机，还有轰炸机、攻击机和巡逻机等多种岸基飞机用于反潜。时至今日，飞机仍然是航空反潜的主要平台。

飞机的特点是速度快、装载量大，可搭载多种探潜器材或设备，可以挂载更多的武器，可以执行高空、远程的反潜任务。战后，多国研制了专用的反潜巡逻机，以岸基反潜巡逻机为主，个别国家有舰载反潜巡逻机和水上反潜巡逻机。这些飞机构成了航空反潜的外层防护网,主要负责中远程的巡逻反潜。

(二)飞艇

飞艇是具有推进装置、可控制飞行的轻于空气的航空器。它的特点是利用空气比重悬浮空中,使用动力装置操控飞行,具有飞行平稳、滞空时间长等优势。

飞艇曾在两次世界大战中用于反潜,并发挥了一定的作用。尤其是一战中,飞艇是空中巡逻反潜的主力。美国制造的飞艇(图3-1-1),到1917年底,服役超过100多艘,成为英吉利海峡护航的功臣。美英联军使用飞艇进行"蜘蛛网"式的巡逻反潜,有效阻止了德国潜艇在航线上的偷袭,甚至还空投炸弹击沉了德国UB-32潜艇。英国也制造了SS软式飞艇,并建立了5个飞艇基地,迫使德国潜艇停止了对商船的袭击。而德国的"齐柏林"式飞艇(图3-1-2)在北海也给英国潜艇造成了巨大威胁。二战中,飞艇继续被用于巡逻反潜和近海防御(图3-1-3)。

图3-1-1 美国海军飞艇

图 3-1-2　德国"齐柏林"硬式飞艇

图 3-1-3　苏联飞艇

后来，飞艇由于行动缓慢、易受攻击，在战后逐渐被淘汰。但自 20 世纪 70 年代以来，由于科技的进步，如高分子化纤材料的出现，自动控制技术的完善等，使飞艇的发展又获得了新的活力。因为飞艇能长时间滞空，能在指定地点上空悬停，而且能以与潜艇航速相当的速度飞行，并且还具有较大载重能力，可以携带多种搜潜设备和攻潜武器。因此，不少国家在重新评价和研究它的用途，进而研制开发反潜飞艇。

（三）直升机

直升机又称旋转翼飞机，是以动力驱动的旋翼作为主要升力来源，可以垂直起落的重于空气的航空器。

直升机出现的时间比较晚，但属于后起之秀，发展迅速。因为直升机具有独特的飞行方式。它能垂直起落、在空中悬停和定点转弯，还能在空中前进、左右横行甚至倒飞。这都是一般飞机做不到的。此外，直升机体积小、重量轻，使其成为舰载反潜机的最佳选择。

对于反潜，直升机能慢速低空飞行，并能在指定水域上空悬停，从而使用吊放声纳搜索潜艇，实现近距精确探测和识别；发现目标后，还能投放鱼雷或深弹实施攻击（图3-1-4）。因此，反潜直升机倍受各国海军青睐，在战后得以迅速发展。当今，世界上现役的反潜直升机多达几十型、上千架。著名的型号有"海豚"（图3-1-5）、"海王""山猫""海鹰"（图3-1-6）、卡-27、NH-90、EH-101等。

图3-1-4　"海豚"反潜直升机投放航空反潜鱼雷

图 3-1-5 "海豚"舰载直升机

图 3-1-6 "海鹰"反潜直升机

（四）倾转旋翼机

直升机由于旋翼的限制，其飞行速度很难超出低亚声速的范围。为了既保留直升机飞行灵活、可以垂直起降的优点，又能获得较大的飞行速度，倾转旋翼飞机便应运而生。它的发动机可以倾转，其安装的大直径螺旋桨，在起飞着陆时用作旋翼产生升力；起飞后，旋翼随发动机倾转，直接推动飞机前飞，进入平飞阶段，速度比直升机快很多。

美军的"鱼鹰"（V-22）是倾转旋翼机的代表（图3-1-7），目前世界上也只有该机型在服役。不过，由于它自身所具有的发展潜力，多国正在研制新型倾转旋翼机，并用于军事领域。显然，倾转旋翼机也可用于反潜，今后或将在航空反潜中扮演重要的角色。

图3-1-7　美国海军的"鱼鹰"倾转旋翼机

（五）无人机

无人机是指无人驾驶的飞行器。一般由飞机、直升机等飞行器改装或专门研制而成，可以携带各种传感器或武器装备执行任务。

无人机除了各类平台自身的性能，最大特点就是节省了人员成本，可以小型化、轻型化，使用全自动控制和智能遥控技术，可以长时间工作，可以到达人员难以适应的环境工作等，具有多方面优势。

信息化时代，军用无人机已被广泛应用在侦察、预警、通信、电子干扰、火力打击、战场评估等方面，并发挥着越来越重要的作用。而美国已装备多型无人机用于新时代反潜战（图3-1-8）。随着科技的发展，无人机以其突出优势，定能在反潜作战中大显身手，高效完成搜潜、攻潜等任务。

图 3-1-8　美军"火力侦察兵"(左)和"海上卫士"(右)无人机

二、航空反潜对平台的特殊要求

航空反潜作战,各种探潜仪器设备和攻潜武器都需要一个稳定而具有良好机动性的空中平台。这种空中平台,一方面要提供稳定可靠的工作环境,另一方面又要满足必要的飞行性能要求。因此,对各种反潜飞行器,特别是飞机,有相应的特殊要求。一些基本要求如下:

(1)要有良好的视界。一般反潜机上设计了许多视角广的观察窗,以满足观察和搜索的需要。即便是信息化时代,目视也依然是必要的。

(2)要有较大的运载能力。反潜机需要装载尽可能多的搜潜仪器设备和攻潜武器;同时也能搭乘较多的操作和指挥人员。比如,一般岸基反潜巡逻机的机组乘员为 12 人左右,最大起飞重量要在 40 吨以上。

(3)要有较强的续航能力。现代岸基反潜飞机的留空时间多在 10 小时以上,有的还具有空中加油能力,以满足较长时间连续工作的要求。

(4)要有较好的低空飞行性能。反潜作战经常需要沿海面以超低空进行低速巡逻搜索,飞行器应能在此条件下具有稳定良好的飞行品质,以保证安全飞行以及机上装备和武器的正常使用。

（5）具有对海面和水下装备的有效控制能力。现代反潜机，需要装备齐全，包括各种搜潜设备和各类攻潜武器，以及先进的综合任务处理系统等，能够同时处理多批数据，跟踪多个目标，如此才能实施对海面和水下多装备的有效控制。

> **本节知识点**
>
> 1. 反潜飞行器的类型包括固定翼飞机、飞艇、直升机、转倾旋翼机等。
> 2. 航空反潜历史上出现的著名飞行器有"卡特琳娜"水上飞机、"蚊"式轰炸机、"剑鱼"攻击机、"齐柏林"飞艇等。
> 3. 倾转旋翼机作为飞机和直升机相结合的一种产物，也可用于反潜，其保留了直升机飞行灵活、可以垂直起降的优点，又能获得较大的飞行速度。
> 4. 倾转旋翼机目前只有美国的"鱼鹰"在役。
> 5. 航空反潜作战经常需要沿海面以低空进行低速巡逻搜索，因此飞行器要有较好的低空飞行性能。

第二节　雄鹰展翅，万里海疆巡逻

反潜是海战主题，反潜是海战首要问题。但是，面朝茫茫大海，万里海疆，如何反潜？巡逻、警戒尤为重要。反潜巡逻机，犹如海空雄鹰，展翅盘旋，是承担万里海空巡逻，监视、搜寻敌潜艇的最佳选手。在我国近海上空，P-3C 已经是连渔民都非常熟悉的"老朋友"了，偶尔还有 P-1、P-8A 等"新朋友"出现。当然，这几年，我国的反潜巡逻机（空潜 -200），也正在逐步飞向深蓝。

那么，世界上都有哪些反潜巡逻机呢？什么样的飞机，才可以执行巡逻反潜任务呢？

一、分类

反潜巡逻机，主要根据起降平台分为岸基、舰载和水上三大类。

其中，岸基反潜巡逻机是主要类型，也是现役装备数量较多的类型。由于反潜巡逻机是集航空工业和各学科技术，以及大量高科技于一身的产品，目前只有美、俄、英、法、日等国家能够研制和生产反潜巡逻机，我国也实现了反潜巡逻机的独立自主研制和装备。

现役的岸基反潜巡逻机，主要有美国的 P-8A（图 3-2-4）、P-3C（图 3-2-3），日本的 P-1，俄罗斯的伊尔 -38（图 3-2-1，部分升级为伊尔 -38N），法国的"大西洋"，英国的"猎迷"（图 3-2-2）等。此外，印度海军最新装备了从美国定购的 P-8I 巡逻机，并有早先装备的俄制伊尔 -38 反潜巡逻机，升级为伊尔 -38M。其他不少国家的海军也购置了反潜巡逻机，组建航空反潜力量。近半个世纪以来，仅美国的 P-3 系列就出口了十几个国家和地区，共计 600 多架。

图 3-2-1　伊尔 -38 反潜巡逻机

 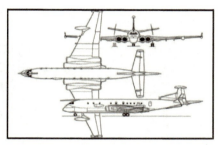

图 3-2-2 "猎迷"反潜巡逻机

 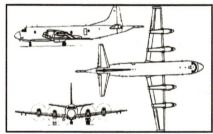

图 3-2-3 P-3C 反潜巡逻机

图 3-2-4 P-8A 多任务海上巡逻机

舰载反潜巡逻机，主要是随航空母舰执行机动反潜任务，包括对潜艇进行搜索、监视、定位和攻击，并对航空母舰或舰队实施护航警戒和反潜保护。代表机型是美国的 S-3B "北欧海盗"（图 3-2-5）。S-3 是美国 20 世纪 70 年代设计的舰载反潜飞机，用以配合岸基反潜机的使用。改造后的机型为 S-3B，1987 年开始交付海军部队。S-3B 的作战任务主要是对潜艇进行持续的搜索、监视和攻击，对己方重要的海军兵力（如航母，特遣舰队）进行反潜保护。改型后可作加油机、反潜指挥控制机和电子对抗飞机。

 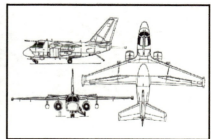

图 3-2-5　S-3B 舰载反潜机

水上反潜巡逻机，是可以从水面起降的特殊机种，多为水陆两用（两栖）飞机。目前，俄罗斯海军仍然保留着别-12（图 3-2-6）和 A-40 "信天翁"水上反潜飞机，同时别-200 水上飞机是 20 世纪末期研制的先进喷水式多用途水陆两栖飞机，也能用于反潜。

 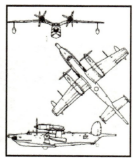

图 3-2-6　别-12 水上飞机及其三视图

水上反潜巡逻机的基本任务与岸基反潜巡逻机相同，其最大优点是在给定的水文气象条件下，能从水面起飞和降落，从而增加海上作战的机动性和灵活性。水上飞机在两次世界大战中都发挥了很大的作用，曾一度成为航空反潜的主要兵力。但由于设计、制造、材料等诸多方面的技术复杂性，以及考虑效费比等原因，二战后，西方各国都放弃了研制大型水上飞机。不过，俄罗斯一直很重视水上飞机，拥有苏联研制的世界上最大的水陆两用反潜巡逻机 A-40（图 3-2-7），该机型共创下 14 项航空史世界记录。A-40 拥有反潜的全部必须装备，可以单独作战，又可协同水面舰艇、潜艇和预警飞机联合作战，并具有一定的自卫能力。

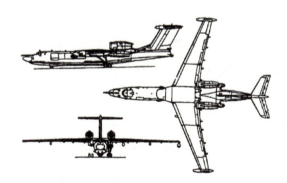

图 3-2-7　A-40 水上飞机及其三视图

以上就是反潜巡逻机的分类。

那么，如何辨别反潜巡逻机呢？除了机体上的一些典型装备，比如对海雷达、浮标装填孔、磁探杆等凸显部位之外，有没有其他特点呢？

二、特点

纵观多型反潜巡逻机，尤其是岸基反潜巡逻机，可以归纳出一些共同的特点。

（1）多为成熟机体改装，空间大，机组人员多。

多数岸基反潜巡逻机是在客机或运输机的机体上改装而成的，因而具有普通飞机的一般外形特征。比如 P-3C 就是由支线客机改装而成，P-8A 则是使用的波音 737 客机的机体。即便是专门设计的"大西洋"反潜机，其外观远看就是大众化的螺旋桨飞机。此外，选用客机等机型改装，除了可靠性、安全性之外，还具有空间大的优势，能够装载更多的反潜装备，容纳更多的机组成员。一般，对于反潜巡逻机，一个标准的机组成员都在 12 人左右。

（2）具有较强的动力装置，留空时间长。

为了满足起飞重量较大、航程远和续航时间长的要求，就需要有足够强劲的动力装置，便于执行较长时间的反潜任务。因此，多数反潜巡逻机都是四发机型，比如 P-3C、伊尔 -38、P-1 等，少数是双发，如 P-8A、"大西洋"，但使用了性能先进的大功率发动机。现役岸基反潜巡逻机的巡航时间都在 12 小时以上，个别达到了 18 小时左右。现代反潜巡逻机的最大起飞重量可达 80 吨以上。

（3）较多的反潜装备，单机作战能力强。

现代反潜机，都要求集多种搜潜设备和技术于一身，并携带多型武器。例如：P-3C 除了雷达、声纳、磁探、红外、电子对抗等基本设备外，还拥有强大的武器挂载能力，不仅有内置弹舱，两翼下还有共计 10 处武器挂点，可装备多型反潜鱼雷、深弹、火箭弹和水雷、反舰导弹等武器。以此确保较强的单机作战能力，在海上巡逻时，一架飞机就可以控制较大区域执行反潜任务。

（4）平台变化小，机载设备更新换代快。

因为选用成熟的平台，外观上没有太大变化，但实际早已经过升级更新。比如，美国 P-3C 已进行了至少四次改装和升级。正是由于 P-3C 采取了一系列改装措施，使它在较长的时间内保持着先进的性能，成为西方国家主要反潜机的典型代表，在业界独领风骚达半个世纪之久。

三、发展

如今,反潜巡逻机仍然在激烈竞争中持续发展,不断提升性能。除了数字化、集成化、智能化等常规的升级和改装外,还在努力探寻新的反潜技能,拓展航空反潜能力。

1. 多任务综合化

现代反潜巡逻机,还肩负着电子侦察、情报搜集等多项任务,甚至具备反舰、对岸攻击等能力。比如美国的 P-8A,已不再单称反潜巡逻机,而是海上巡逻机,这也表明了巡逻机的发展方向——多任务综合化。

2. 高空反潜能力

高空反潜是未来反潜战的必然需求,特别是面对潜空导弹的威胁。欧美多国早就开启了相关论证和研制工作。尤其是美国,率先实现了 P-8A 的高空反潜能力。高空反潜旨在使反潜机在高空巡航的过程中就能实施对潜艇的搜索和攻击等多种任务,实现防区外反潜,并且具有可控面积增大,减少了飞机减速下降至海面的过程,有利于先发制人等多方面优势。

3. 无人机协同反潜

反潜巡逻机搭配无人机进行反潜,无疑是提升作战效能的有效手段。P-8A 就是利用"磁探鹰""海上卫士"等无人机贴近海面搜潜,而其自身保持高空巡逻,创建了新的航空反潜模式。信息化时代,使用无人机协同作战,提高效能,降低成本,是发展的必然趋势。

总而言之,海上巡逻机,对于海军,对于反潜,是基础,是关键,更是克敌制胜的法宝。

本节知识点

1. 反潜巡逻机根据起降平台分为三类，岸基、舰载和水上。其中最主要的类型是岸基反潜巡逻机，也是现役装备数量较多的类型。

2. 能自主研制生产反潜巡逻机的国家屈指可数。世界上现役的反潜巡逻机主要有美国的 P-8A、P-3C，俄罗斯的伊尔-38，英国的"猎迷"-2000，法国的"大西洋"，日本的 P-1 等。我国也有自己的反潜巡逻机。

3. 反潜巡逻机共同特点：一是多为成熟机体改装，空间大，机组人员多；二是具有较强的动力装置，留空时间长；三是较多的反潜装备，单机作战能力强；四是平台变化小，机载设备更新换代快。

4. 反潜巡逻机搭配无人机进行反潜，是提升作战效能的有效、可行手段。

5. 目前仅有俄罗斯海军保留着部分水上飞机（别-12、A-40"信天翁"等）用于反潜，其别-200系列水上飞机也可以反潜。

6. 美国已经实现了 P-8A 的高空反潜能力，可以高空投放 Mk54 等鱼雷。

表 3-2-1 国外典型反潜巡逻机基本性能一览表

型号名称	国别	装备年代	外形尺寸（翼展（米）×高（米）×长（米））	发动机（台数×类型×型号×推力）	最大起飞重量（吨）	最大速度（千米/小时）	使用升限（米）	航程/续航（千米）	乘员	主要探潜设备与武器
P-3C 反潜机	美国	1969	30.7×10.3×35.6	4×涡桨×T56-A-14×4910马力	64.4	761	8625	8950	12	雷达、磁探仪、声纳浮标电子侦察、鱼雷、深弹、导弹、火箭
S-3B 反潜机（舰载）	美国	1974	20.9×6.9×16.3	2×涡扇×TF34-GE-2×4210马力	19.3	834	10670	5588	4	雷达、磁探仪、声纳浮标电子侦察、鱼雷、深弹、导弹、炸弹
P-8A 多任务巡逻机	美国	2013	37.6×12.8×39.5	2×涡扇×CFM56-7B×120千米	85.8	907	12496	>8000	9	相控阵雷达、声纳浮标等+"磁探鹰"无人机系统；鱼雷（Mk54、Mk50）、导弹（"鱼叉""小牛"等）、各式炸弹
"猎迷" 反潜机	英国	1969	35.0×9.0×38.6	4×涡扇×RB168-200×5505马力	87.0	926	12800	8340~9265	12	雷达、磁探仪、声纳浮标、炸弹、鱼雷、深弹、导弹、火箭
"大西洋"Ⅱ 反潜机	法国	1968	37.4×10.89×33.63	2×涡桨×PTY·Mk21×6150马力	46.2	648	9145	8980	12	雷达、声纳浮标MAD、EAM/ECM；鱼雷、深弹、火箭、炸弹
伊尔-38 反潜机	俄罗斯	1973	37.4×10.0×39.6	4×涡桨×AI-20M×4250马力	63.5	645	10000	7200	12	雷达、磁探仪、声纳浮标电子侦察、鱼雷、深弹、水雷
P-1 反潜机	日本	2008	35.4×12.1×38	4×XF7-10涡扇×6吨	79.7	833	13520	8000	11	相控阵雷达、声纳浮标、鱼雷、深弹

"四世同堂":澳大利亚四代反潜机编队飞行

2016年12月，澳大利亚将其4代反潜机在空中编队进行飞行展示，反潜机集群同上蓝天展现发展史，照片中由近及远为第一代至第四代：依次为PBY"卡塔琳娜"、P-2V"海王星"、P-3C"猎户座"、P-8A"海神"。

法国"大西洋"反潜机

英国"猎迷"反潜机

第三章 | 87
航空带优势，平台是基础

日本 P-1 反潜机

美国 P-3C 反潜机

第三章 | 89
航空带优势，平台是基础

俄罗斯伊尔-38N反潜机

美国 P-8A 巡逻机

第三节　带刀护卫，舰艇编队护航

在反潜飞行器这个家族中，直升机属于后起之秀，但其发展之迅速，确实令人惊异。

直升机我们都熟悉，它的飞行特点一般人都知道，因为很多人都见过直升机的飞行，无论是现场实物还是影视作品中的画面。而直升机自问世以来，很快就成为了兵器，就是因为其独特的飞行性能，尤其是垂直起降、可以悬停和各向飞行，加上小巧灵活使之大受部队青睐。

军用直升机也有多种，那么，什么样的直升机才是反潜直升机呢？

一、反潜直升机的概念

反潜直升机，是指装有探潜设备和攻潜武器等反潜设备或武器，能够执行反潜任务的军用直升机。那么，重点是哪些是反潜装备呢？直升机一般都能使用什么样的反潜装备呢？

首先，装备吊放声纳的直升机就是典型的反潜直升机。如图 3-3-1 所示为美国的"海鹰"反潜直升机，其机身下方吊着的装备就是吊放声纳的水下分机，也称探头，用于放入水中使用声波探测潜艇。

探头通过电缆将信息传送给机上的主机设备，从而分析信息进行目标的搜索。吊放声纳是直升机特有的设备，因为需要吊放使用，而直升机能够低空、悬停，可以方便的实现水下探头的下放和回收，通过定点悬停探测，能够实现目标的确认和定位，并且定位精度相比其他探潜手段高。因此，直升机使用吊放声纳是一种非常重要的搜潜手段。

图 3-3-1 "海鹰"反潜直升机使用吊放声纳

当然，除了吊放声纳，直升机使用的反潜装备还包括雷达、浮标声纳以及航空鱼雷或深弹等攻潜武器，不少反潜直升机还能使用磁探仪、红外/电视设备等其他搜潜设备。

那么，反潜直升机都有哪些型号呢？如何分类呢？

二、反潜直升机的分类

首先，直升机通常可以按起飞重量分为轻型、中型和重型直升机，反潜机也一样。轻型（小型）反潜直升机，起飞重量一般在 4 吨左右或更小，其代表机型是法国的"海豚"，我国引进后国产化为直-9 系列，是一款小巧灵活、特别适合上舰的直升机。中型直升机起飞重量在 6~9 吨左右，代表机型有美国的"海妖"（图 3-3-2）、"海王"（图 3-3-3）、英国的"山猫/超山猫"（图 3-3-4，后续新型号为"野猫"）等。重型（大型）直升机，起飞重量起码在 10 吨左右，代表机型如美国的"海鹰"，俄罗斯的卡-27/28（图 3-3-5）、米-14（图 3-3-6），法国的"超黄蜂"，欧洲多国联合研制的 EH-101（图 3-3-7）、NH-90（图 3-3-8）等。

图 3-3-2 "海妖"反潜直升机

图 3-3-3 "海王"反潜直升机

图 3-3-4 "山猫"反潜直升机

图 3-3-5 卡-27 反潜直升机

图 3-3-6 米-14 反潜直升机

图 3-3-7　EH-101 反潜直升机

图 3-3-8　NH-90 反潜直升机

其次，反潜直升机按照起降保障平台又可以分为岸基和舰载两种。一般，中、大型直升机以岸基为主，小型直升机适合舰载。当然，这个分类没有严格界限，因为航母等大吨位舰船上也可以搭载重型直升机。

此外，反潜直升机按照功能还可以分为专用和兼用两种，但是，现代直升机一般都朝着多用途的方向发展以满足多任务需求，因此，专用的反潜直升机已经越来越少了，而以反潜任务为主的多用途直升机才是主流。

无论是专用还是兼用，面对水下幽灵，反潜直升机是如何作战的呢？

三、反潜直升机如何反潜

（一）搜潜

反潜战，找到潜艇才是关键。直升机一般主要使用吊放声纳来搜潜。对于中大型直升机，载重更多，空间更大，通常还装有浮标搜潜系统，必要时还可以使用声纳浮标搜潜。

除了声纳，还有一个重要手段就是磁探仪。特别是针对浅水目标，当水文环境太复杂导致水声设备难以发现目标，或是出现海面结冰等情况时，以及在一些特殊的海域或航道，使用磁探仪搜潜还是大有所为的。此外，磁探仪还可以用于实施攻击前的精准定位。

值得注意的是，直升机使用的磁探仪一般是拖曳式，即在工作时，其探头通过电缆拖曳在空中。相比固定翼飞机使用的尾杆式磁探仪，两者的方式不同，但主要目的是一样的：都是为了让探头尽量远离机身的磁场干扰源，减少自身磁干扰。不过，美国等国研制的新型磁探仪，采用灵敏度更高的探头和先进的磁干扰补偿技术，已经不需要拖曳探头了，省去了探头的收放工作，使用更加方便、高效。

最后，在雷达、声纳、磁探三种传统搜潜技术手段之外（图 3-3-9），通常反潜直升机还配备有红外仪等辅助设备，以增强探潜本领和提高目标的识别率。

（二）攻潜

发现目标后，必要时就应该实施攻击。使用什么武器呢？优先考虑的武器是自导鱼雷，因为这是一种水下精确制导武器，能使用声纳自动搜索识别目标，并自动导引追击目标。现代反潜机，都配备有专用的航空反潜鱼雷。不过，鱼雷主要用于攻击水下目标，并且最好是深水目标，有利于鱼雷的声自导系统充分发挥作用。对于浅水目标，声自导性能常常受到很大影响，反而难以命中。而浅水或者水面的目标，更适合使用深弹攻击。航空深弹是物美价廉的反潜武器，特别是现代的自导深弹，还能有效攻击水下目标，在不适合使用鱼雷的时候，深弹是攻潜的不二选择。

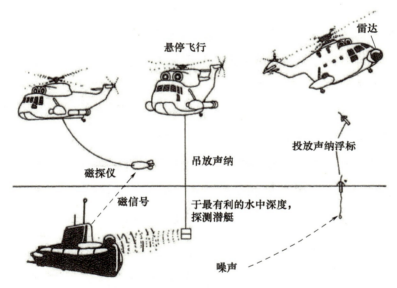

图 3-3-9　直升机搜潜手段（雷达、声纳、磁探）示意图

直升机使用这两种武器，除了可以低空、低速飞行便于提高投弹入水点准确率外，必要时，还可以采用悬停投放的方式，实现更加精准的投弹。这便是直升机攻潜的优势。

四、反潜直升机的发展趋势

为使直升机满足未来反潜作战的需求，各国海军都在一如既往的投入人力、物力，推动着反潜直升机作战能力的不断提升。舰载直升机是各国海军的重点发展对象，而反潜则是发展计划中必须考虑的主要任务。当前，反潜直升机的发展有两个比较明显的趋势。

一是发展多任务综合型舰载反潜机。

以美军为例，新型MH-60R"海鹰"多用途直升机，是美国海军的舰载反潜主力，计划装备250多架。该机装备改进型武器和电子支援系统，新的低频吊放声纳和成像雷达，以及综合自卫系统。实施航空反潜探测、定位和攻击任务的MH-60R舰载直升机，除利用机载低频声纳系统外，也可以利用来自舰载低频主动声纳系统或先进投布系统的信息，增大浅水区探测潜艇的距离，以提升滨海反潜作战能力，并增强了大洋环境下的作战能力。

二是发展反潜无人直升机。

无人机是现代化、信息化装备发展需求，也是时代发展的必然趋势，当然也包括反潜无人直升机。相比有人机，无人直升机可减小体积、重量，具有起降简单，操作灵活，不惧伤亡，造价较低，可靠性高，机动性好，生命力强等特点。随着科技发展和军事需求的推进，适合海上复杂水文气象条件、满足多种场合反潜任务的先进轻型高性能反潜无人直升机，必将是海军反潜武器装备的一个重要发展方向（图3-3-10）。

图3-3-10　美国"火力侦察兵"无人机

本节知识点

1. 反潜直升机，是指装有反潜设备或武器，能够执行反潜任务的军用直升机。

2. 反潜直升机按照起降保障平台可以分为岸基和舰载两种类型，通常又可以按起飞重量分为轻型、中型和重型。

3. 美国的反潜直升机主要有："海妖""海王""海鹰"。

4. 俄罗斯的典型反潜直升机有卡-27、米-14。

5. "海豚"和"超黄蜂"都是法国研制的直升机。

表 3-3-1 国外典型反潜直升机基本性能一览表

型号名称	国别	装备年代	外形尺寸 (翼展(米)×高(米)×长(米))	发动机/(台数×类型×型号×推力)	最大起飞重量(千克)	最大速度/(千米/小时)	使用升限/(米)	航程/续航/(千米/小时)	乘员	主要探潜设备与武器
SH-2F反潜机	美国	1973	13.4×4.7×16.0	2×涡轮轴×T700-GE-8F×1350马力	6123	256	7285	885/5	2~4	15枚各型浮标、磁探仪、搜索警戒雷达及2条Mk46鱼雷
SH-60B反潜机	美国	1983	16.4×5.2×19.8	2×涡轮轴×T700-GE-401×1700马力	9926	296	5790	592/2.3	3	25枚各型浮标、磁探仪、雷达及Mk46鱼雷
MH-60R反潜机	美国	2005	—	2×涡轮轴×T700系列发动机	10659	267	—	834	2~3	AN/APS-147成像雷达、AAS-44红外雷达、AN/AQS-22低频吊放声纳、Mk54鱼雷
卡-27/28反潜机	俄罗斯	1982	15.9×5.4×11.3	2×涡轮轴×TV3-117V×2190马力	12600	250	5000	800/4.5	2~4	吊放声纳、磁探仪、雷达及鱼雷或深弹
WG13反潜机	英国、法国	1975	12.8×3.6×15.2	2×BS360-07-26×900马力	4800	315	3050	850	2	吊放声纳、磁探仪、雷达及2条Mk46鱼雷Mk11深弹
EH101反潜机	英国、意大利	1992	18.6×6.5×15.8	3×T700-GE-401×1710马力	14000	278	—	926	3~4	吊放声纳、磁探仪、雷达及鱼雷等

续表

型号名称	国别	装备年代	外形尺寸/(翼展(米)×高(米)×长(米))	发动机/(台数×类型×型号×推力)	最大起飞重量/(千克)	最大速度/(千米/小时)	使用升限/(米)	航程/续航/(千米/小时)	乘员	主要探潜设备与武器
AS-365F反潜机	法国	1977	11.93×4.0×13.7	3×"阿赫耶"-1M700	4100	296	5000	865/4.4	3	吊放声纳，搜索雷达及反鱼雷等

注：1马力=0.735千瓦

第四章

搜潜效率高，手段多样化

> 反潜，首先要发现潜艇，而反潜难，主要就难在找潜艇。潜艇作为水下目标，决定了其探测和搜索设备的特殊性。本章结合实例较详细介绍了航空声纳（吊放声纳系统、浮标声纳系统）和航空磁探仪等常用航空搜潜设备及其使用情况，主要内容包括系统（设备）特点、组成、工作原理和发展趋势等，并对其他航空探潜器材和探潜技术也作了简介。

第一节 声光磁电，共对搜潜难题

现代反潜机的搜潜系统往往通过各种搜潜设备（包括雷达、红外、电视、磁探仪和声纳等）搜索发现潜艇目标，获取目标信息。随着反潜设备和反潜手段的增加，需要处理的数据、数据类型和信息容量急剧增加。这对多目标和运动目标的检测、定位、识别和跟踪均造成极大的困难。为了有效地获得实时、精确和易于理解的信息，往往采用一套硬件系统代替传统的单传感器、单设备、分散处理的信息系统，采用航空反潜多传感器信息融合技术对多种探潜设备和多种传感器送来的数据先经过预处理（统一数据格式），再通过各自的接口进入统一的数据融合系统,进行数据校准处理(统一各传感器的时间和空间坐标等),数据关联处理和信息融合处理。该系统的最终输出即为目标特征和属性的估计结果。从而可以大大提高各反潜设备的信息利用率,减少失误,避免设备重复设置,可减轻反潜设备的重量和降低成本。最后通过显示系统将目标运动轨迹解算、战场态势等信息显示给作战控制人员,其信息流程如图 4-1-1 所示。

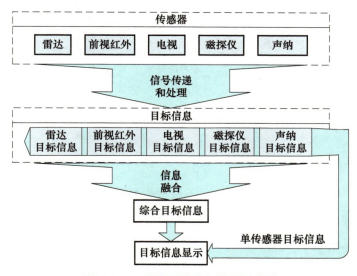

图 4-1-1　搜潜系统信息流程示意图

一、搜潜系统分类

根据潜艇的目标特性和潜艇的活动特点,目前航空搜潜系统的探测原理分为声学探测和非声学探测两大类,前者对应的搜潜设备称为声纳设备,后者称为非声设备,它又分为利用光、电、磁、废气、核辐射等物理场进行探测的设备。由于声波在海水介质中传播损失小、作用距离远,因此,声探测设备仍是目前航空搜潜中广泛使用的主要探测设备,非声探设备则用作辅助探测设备，两者同时发展、互相补充。已经广泛应用和正在发展的航空探潜设备与技术如图 4-1-2 所示。

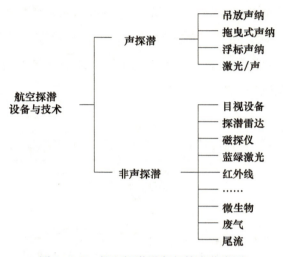

图 4-1-2　航空探潜设备与技术分类图

目前，人类所掌握的探潜技术手段或设备主要是声纳（吊放声纳、拖曳式声纳、浮标声纳）、磁探仪和搜潜雷达三种，下面分别将对这些主要探潜设备加以介绍。

二、声纳搜潜系统

声波在空气中的传播速度为 340 米 / 秒，而在水中的传播速度约为 1500 米 / 秒，比在空气中的传播速度快得多，而且在水中传播时能量损耗小。声纳正是利用声波在水中传播的这种特性而研制成功并广泛应用的水声设备。现代声纳是各国海军的作战舰艇、潜艇和反潜飞机实施反潜、扫雷以及水下警戒、观测、侦察和通信的重要装备，是海军所独有的装备之一。现在，凡用于对水中目标进行探测、定位、跟踪、识别、导航、制导、通信、测速和对抗等作战行动的水声设备都属军用声纳范畴。

现代军用声纳种类繁多，有多种分类方法。按运载平台可分为水面舰艇声纳（也称舰载声纳）、潜艇声纳（潜载声纳）和航空声纳（机载声纳），舰/潜载声纳主要有舰首声纳、舰尾拖曳线阵列声纳、舰舷两侧的舷侧阵声纳，机载声纳主要有声纳浮标和吊放声纳。按安装方式可分为舰壳声纳、拖曳声纳、吊放声纳和浮标声纳等。按探测方式可分为主动声纳和被动声纳，前者系向水下发射声波并利用回声来获取水下目标信息的声纳，其优点是可获得水下目标的方位和距离，并利用多普勒效应测出其速度，其缺点是隐身性差，易受对方水声跟踪、干扰或攻击；后者系直接利用水下目标自身辐射的噪声来获取其信息的声纳，其优点是探测距离远，且自身隐蔽性好，其缺点是要依赖于水下目标的辐射噪声。

（一）反潜飞机声纳系统

现代反潜飞机普遍使用的主要反潜探测设备是浮标声纳。浮标中装有声纳和无线电收发机，通过天线与反潜飞机联系。反潜飞机沿搜潜航路投布一定阵式的声纳浮标，抵达水面后其声纳部分按设定自动下沉到预定深度，对潜艇目标实施探测，并将所探测到的信息通过水面浮标天线，发送给在该海区上空巡逻的反潜飞机。现代反潜飞机使用的声纳浮标分为主动和被动两大类。反潜飞机可对投布的主动声纳浮标进行遥控，控制其水声发射机向水中发射声波，然后由其水听器接收来自潜艇目标的回波，再由其无线电发射机将信息发送到反潜飞机，由机上电子设备进行分析并显示给机上人员。

反潜飞机投布的被动声纳浮标有非定向和定向两种。非定向声纳浮标只能发现潜艇，其结构比较简单，一般由浮标体和机载装置两部分组成，前者包括水听器、放大器、超短波发射机和电源；后者包括无线电接收机和指示收听装置。定向声纳浮标既能发现潜艇，又能测出其位置，其结构比较复杂，除包括上述电子器件外，还增加了装有振荡器的磁电罗盘，当匀速旋转的水听器处于潜艇所在方向时信号突然增强，就可以测出潜艇方位，然后通过无线电发射机传送到反潜飞机，机上人员根据信号频率判定潜艇方位，进而测定其位置。声纳浮标探测水下潜艇的距离与海情和潜艇航速有关。现代大型反潜飞机，如美国 P-3C 反潜机能携带 84 枚声纳浮标，美国新研的 P-8A 可携带 150~300 枚声纳浮标。

（二）反潜直升机声纳系统

某些反潜直升机也可使用浮标声纳搜索目标，但其普遍使用的探潜设备是吊放声纳。反潜直升机飞临指定海区执行搜潜任务时，悬停在海面上空 20 米左右，利用收放绞车和吊放电缆将系留的声纳换能器基阵从机身下面吊放到水下一定深度，一般先采用被动探测方式进行探潜搜索，当收到潜艇噪声信号时，再用主动探测方式进行探潜搜索，用以确定潜艇的方位和距离。声纳换能器包括将电信号转换为声信号向水中辐射的发射换能器和将声信号转换为电信号送入声纳接收机的接收换能器（水听器）。由多个声纳换能器组成的换能器基阵，较之单个换能器有更好的方向性和更高的声源级，可增大主动声纳的作用距离，提高抗环境噪声或抗干扰能力，有较高的目标测向精度。

三、非声搜潜系统

基于非声学探测原理的航空反潜探测设备是现代反潜飞机的辅助探测设备，属于光、电、磁、废气、核辐射等物理场探测设备，通常与航空反潜声学探测设备配合使用、互相补充，进一步提高反潜作战效能。目前装备使用的航空非声探设备主要有目视探测仪、机载雷达、磁力探测仪、电磁探测仪、红外探测仪、激光探测仪、废气探测仪和核辐射探测仪等。

（一）目视观察仪

目视观察仪是反潜飞机对处于潜望镜航行状态的潜艇进行探测的一种常用手段，迫使潜艇在潜望镜航行时必须考虑太阳、月亮的位置以及包括海浪在内的水文等因素，并保持安全平稳的航速，不致产生相对于海水背景有显著差异而暴露行踪的尾迹。此外，在某些海域处于潜望镜航行状态的潜艇，还会受到海中含磷物质发出的磷光照射而被目视发觉。

反潜机上的人员目视发现水面航行状态或潜望镜航行状态潜艇的距离，取决于潜艇的航向和航速、反潜飞机的飞行高度和速度、人员的经验等多种因素，更受海况和天气条件影响很大，若海浪超过 4~5 级且海上有雾、雨和低云时，目视发现潜艇的概率将大大降低。现代反潜飞机人员除在良好的海况和天气条件下直接用目视观察外，还装备有昼间观察用的双目镜和夜间观察用的夜视镜。

（二）搜潜雷达

搜潜雷达是现代反潜飞机搜索处于水面航行或通气管、潜望镜航行状态潜艇的主要探测设备。早期的搜潜雷达大都装在飞机头部，对飞机前下方出现的潜艇进行探测，但容易被潜艇发觉并迅速下潜以躲避探测。现在的机载搜潜雷达大都为侧视雷达，其天线装在两侧机翼或机身下方，可向飞行航线两侧发射电磁波用以搜索航线两侧海面目标，一次搜索两侧海域宽度可达 50 海里，发现水面航行或通气管航行状态潜艇的距离分别为 50 海里和 15~20 海里。现代反潜飞机装备的机载雷达除用于远程探测和监视水面舰艇之外，还用于空中导航以及气象监测等。

尽管现代潜艇的电子信息系统发现反潜飞机的距离，比反潜飞机发现潜艇的距离远得多，但潜艇主动防御反潜飞机的手段十分有限，因此机载搜潜雷达仍然是迫使潜艇潜入水下的有效威慑手段，即使是能长时间处于水下航行的核潜艇，通常必须使用潜望镜对水面或空中目标进行最终目视识别，然后才能对该目标发射潜载导弹实施攻击，这就为反潜飞机使用机载雷达对其远距快速探测并发射反潜武器提供了机会。

（三）磁力探测仪

磁力探测仪又称磁异常探测器，简称磁探仪，是现代反潜飞机尤其是固定翼反潜巡逻机普遍使用的反潜探测设备，一般装在远离电动机和电子设备的飞机尾部或外伸式短舱内。磁探仪由带导线的金属敏感元件探头、电子装置、记录显示装置和自动补偿装置等组成。反潜飞机在预定海域低空搜潜飞行时，该磁探仪的探头则在地磁场中运动，当遇到水下潜艇时即可测出由此产生的地磁场变化，并将其转变成电信号，经电子装置处理送到记录显示装置，飞行人员根据噪声曲线或显示信号的变化得知有无潜艇。磁探仪的搜潜效率取决于载机的搜索宽度和飞行速度，而搜索宽度则受磁探仪的作用距离、载机的飞行高度和潜艇下潜的深度限制。当磁探仪的作用距离一定时，载机的飞行高度和潜艇的下潜深度增加，则搜索宽度变窄。磁探仪的作用距离随潜艇吨位的增加以及潜艇处于与地磁力线平行的南北航向时而增大，可达 1000 米以上。若潜艇经过有效消磁处理，则会使磁探仪探测的作用距离大为减小（图 4-1-3）。

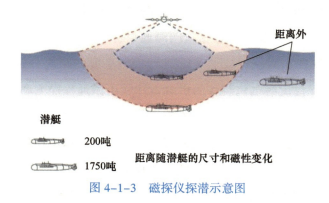

图 4-1-3　磁探仪探潜示意图

(四)电磁探测仪

电磁探测仪是一种扫描接收射频信号的被动雷达探测器。由于射频频谱包括敌、友、中立三方的电磁辐射信号,杂波干扰极为严重,因此,航空反潜电磁探测仪主要用来搜索潜艇雷达发出的信号。为进一步减小杂波干扰,建立射频信号库,从中选用搜索特定潜艇的雷达信号,而忽略来自友方和中立方的雷达信号。如果敌方潜艇雷达处于非工作状态,电磁探测仪也就接收不到信号。但由于它能对已经探测到的、来自潜艇的电磁辐射信号提供分类和定位所需的全部信号,往往迫使潜艇采用精度不太高的、不辐射电磁波的其他探测目标的手段,从而对潜艇雷达系统产生威慑作用。

(五)红外探测仪

红外探测仪是现代反潜飞机装备使用的一种探潜设备,它由含光学组件和热敏电阻的红外探头、电子装置、记录显示装置等组成。反潜飞机在预定海域低空搜潜飞行时,其红外探头的光学组件连续地接收海水的热辐射,通过透镜聚焦到热敏电阻上,将其转变为电信号,经电子装置处理送到记录显示装置,若无潜艇时记录显示的是海水正常温度,若有潜艇并探测到其热尾流时,记录显示的是升高后的海水温度,飞行人员据此判断有无潜艇(图 4-1-4)。

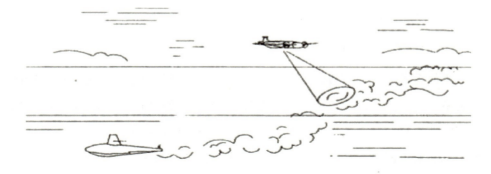

图 4-1-4　红外探潜示意图

现代反潜飞机装备使用的红外探测仪有前视红外系统（FLIRS）和红外探测系统（IRDS）两类，其相同点都是被动式红外探测系统，采用制冷装置以提高红外探测效率；其主要不同点在于：前者仅对反潜飞机的前方海域进行搜索，后者则对反潜飞机四周海域进行全向搜索。红外探测仪在海水温度和空气湿度允许条件下可达到中等探测距离，即相当于或大于标准目视观察距离。实施夜间反潜探测时，如果水下潜艇的热辐射同其背景之间温差很大，则红外探测距离甚至更远。因此，反潜飞机利用这种被动红外探测仪实施夜间反潜探测时，使常规潜艇往往不敢贸然利用夜间浮出水面对电池充电或处于通气管航行状态。现代反潜飞机装备使用的红外探测仪除用于探测潜艇外，还用于海上侦察。

（六）激光探测仪

激光探测仪也是现代反潜飞机装备的一种探潜设备，它由含激光器收发机的激光探头、电子装置、记录显示装置等组成。反潜飞机在预定海域低空搜潜飞行时，激光探头内的发射机对海面发射一种在水中衰减慢且分辨率高的蓝、绿脉冲激光束，其中一部分被反射，一部分进入水中，若遇到水中目标或海底则发生漫反射，穿出海面后被激光探头内的接收机所接收，经电子装置处理发现目标后再次发射激光束扫描，并使其回波成像显示，从而判断该目标是否为潜艇目标（图4-1-5）。

（七）废气探测仪

废气探测仪又称尾迹仪或气体分析仪，也是现代反潜飞机使用的一种探潜设备。它通过检测分析处于通气管航行状态的潜艇所排出的一氧化碳气体来判断有无潜艇（图4-1-6）。反潜飞机在预定海域低空搜潜飞行时，废气探测仪不断对当时空气取样，若含有一氧化碳，则会与水分子化合而生成碳水化合物，据此判断有无潜艇。但有时受海况和海面情况影响较大，有石油等物质污染时不能正常工作。此外，这些尾迹可存在数小时，因此这种形式发现潜艇的时效性较差。

图 4-1-5　激光探测示意图

图 4-1-6　废气探测示意图

（八）核辐射探测仪

核辐射探测仪也是一种航空反潜探测设备，它通过对核潜艇活动海域上空的放射性污染进行昼夜、全天候监测来判断其是否为核潜艇目标。核潜艇排放的放射性污水、气体和逃逸中子的活化产物会使海水活化物的 γ 射线频谱，以及放射性核素钾-40、氯-38、钠-24 等的体积分布发生变化，形成可探测的核辐射特征，从而为机载核辐射探测仪所探测。

> **本节知识点**
>
> 1. 航空搜潜雷达主要用于发现水面航行、潜望镜、通气管状态航行的潜艇。
>
> 2. 当在夜晚或能见度较低的情况时，可采用红外摄像头搜索近海面潜艇目标。
>
> 3. 蓝绿光在水下衰减最弱。
>
> 4. 潜艇外壳及螺旋桨在海水中会发生化学反应，产生电流，使得潜艇周围存在一定强度的电场。
>
> 5. 由于潜艇外部壳体和内部空腔的压力分布不均匀，会改变其周围的重力场。
>
> 6. 潜艇尾迹可存在数小时，因此尾迹探潜发现潜艇的时效性较差。

第二节 定点精探，低空吊线听音

如何搜索和攻击潜艇，取得海战场上的主动权，是各国海军不断研究和探索的问题。对潜作战的首要任务就是发现敌方潜艇。目前发现潜艇的最有效手段是利用声信号进行探测。反潜直升机上用来探测声信号的主要设备就是吊放声纳。

那么吊放声纳与其他声纳设备相比有哪些特点和优势呢？它是如何工作的呢？未来的发展趋势又是怎样的呢？本节让我们一起来认识航空吊放声纳。

一、基本概念

声纳是一种利用声波在水中传播的特性，通过电声转换、信号处理和终端显示，完成水下目标探测、定位、通信等任务的设备。而吊放声纳是利用绞车及电缆将声换能器基阵悬垂于水中，进行定点探测的声纳，是反潜直升机特有的探潜设备。

吊放声纳的主要任务是完成对潜艇的搜索、定位和跟踪，并向战术数据处理系统提供目标的距离、方位和速度信息，为反潜作战提供目标指示（图 4-2-1- 图 4-2-3）。

图 4-2-1　美国"海王"直升机使用吊放声纳

图 4-2-2　AN/AQS-13F 直升机声纳

图 4-2-3　AN/AQS-22 直升机声纳

二、主要特点

吊放声纳在使用时充分利用了反潜直升机的平台优势，机动灵活，搜索速度快，并且可以反复使用。同时还可以充分利用海洋的水文条件，通过温深方式获取工作海域的声速剖面,确定吊放声纳的最佳工作深度;工作方式多样,除了通过主动发射声信号探测潜艇目标回波外,也可以通过被动接收潜艇噪声的方式进行探测。与舰艇和潜艇声纳相比,吊放声纳尺寸小,重量轻;为了保证探测效果,吊放声纳的换能器基阵一般采用可扩展的结构,平时收拢,工作时展开。

三、发展历程

吊放声纳起源于 20 世纪 40 年代末的美国,最早装备的是 AN/AQS-1 型吊放声纳。随后,其他国家通过引进、仿制或自行研制的方式加快了吊放声纳的发展。经过几十年的发展,吊放声纳同其他电子设备一样,经历了巨大的技术变革,不断采用最新的元器件和技术,性能不断完善和提高。可以把吊放声纳发展划分为创立开发期、成熟应用期和创新发展期三个阶段。目前,世界各国海军已装备和研制了几十种型号的吊放声纳。吊放声纳已成为各国海军重要的航空探潜设备。

四、系统组成

吊放声纳由水下分机、机上电子设备、绞车及电缆等三大部分组成。水下分机用于发射声信号并接收潜艇目标的信号,机上电子设备用于对水下分机上传的信号进行处理、显示、监听和控制等。绞车及电缆用于收放水下分机、供电和传输数据。

水下分机是吊放声纳的核心部件,又称探头。一个水下分机包含着众多部件,并囊括无线电、水声学、流体力学、机械设计等多学科的高新技术,其中声基阵是水下分机的主要部件,包括发射阵和接收阵。典型吊放声纳的水下分机其主要部件如图 4-2-4 所示。

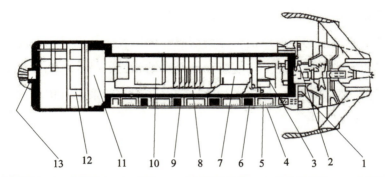

1—压力释放阀；2—电缆接头；3—罗盘；4—充油弹性胶罩；5—接收器基阵；6—发射器基阵；7—电子线路板；8—交连线路插接板；9—中心压力管；10—电源变换器；11—发射机；12—电池组；13—温度传感器。

图 4-2-4　美 AN/AQS-18 吊放声纳水下分机

现代吊放声纳的水下分机则已经发展成可扩展基阵，入水后可以展开基阵以增强探测能力，如下文所述。

五、工作过程

吊放声纳在执行搜潜任务时，主要采用应召搜潜的方式。反潜直升机应召搜潜过程如下：首先直升机在机场、载舰或指定空域待命，当获得有关敌潜艇的通报信息后，立刻飞往发现潜艇的海区，然后再开展搜索、跟踪或攻击敌潜艇。

应召搜潜的直升机接到搜潜任务后，首先在巡航高度 200 米左右接近搜索海区，到达通报位置上空后，在 20 米左右的高度悬停，通过绞车将水下分机从机上吊放到指定深度。然后扩展基阵，待基阵扩展到位后，主动发射信号；之后将接收到的信号上传给机上电子设备进行处理、显示；最后吊放声纳系统会将获取的目标信息发送给飞机的战术数据处理系统，以使用攻潜武器对潜艇进行攻击。吊放声纳完成探测任务后，收拢基阵，回收水下分机，直升机返航。

吊放声纳在执行应召搜潜时可通过单机搜潜，也可使用多机协同的方式，可有效扩大搜索范围，大大提升搜潜效果。多机协同搜潜时，可以采用多基地联合探测的方式，即发射系统和接收系统采用收发分置的工作方式进行探测。

六、发展趋势

吊放声纳主动发射声波时，声纳换能器受混响的影响比较大。采取多基地联合探测的方式可以有效减小混响的干扰。

吊放声纳多基地联合探测除了通过多部吊放声纳协同的方式外，也可以采用与浮标声纳配合使用的方式进行。通过在较大范围内分布多个接收装置，可以达到增加探测范围，提高搜索效率的目标。

现代潜艇虽然采取了很多降噪措施，但有限的手段使降低的噪声频率主要集中在中、高频段，而在低频段仍有相当大的噪声残留；同时，消声瓦对中、高频主动探测声波的吸收作用比较好，对低频声信号的吸收效果较弱，采用低频时，目标反射强度仍然较大。所以发射频率低频化是吊放声纳发展的一个重要方向。

吊放声纳的低频化要求换能器基阵的尺寸增大，而反潜直升机由于自身空间及载重限制，必须严格控制声纳系统的尺寸和重量，尤其是要控制换能器声基阵的尺寸。目前，只能通过可折叠收放的扩展阵实现，平时收拢，工作时展开（图 4-2-5）。水下分机采用可扩展的基阵结构，收放时能够安全进出载机喇叭口，工作时声基阵扩展，可以获得较大的孔径，更大的基阵增益。

比如美国的低频远程主动探测声纳（图 4-2-6）。它的扩展声基阵分为上下两部分，上部为接收水听器阵，下部为发射声基阵，可实现声基阵的横向和纵向扩展。接收阵扩展后直径增至 2.6 米，从而可使工作频率降至 1300 赫兹左右。发射扩展阵由 8 个弯曲发射圆盘构成，阵长 5.2 米。其换能器单元的声源级为 201 分贝，基阵扩展后，声纳工作的总声源级可达 219 分贝。由此可见，采用扩展阵对水下分机工作效果的提升是非常明显的。所以，吊放声纳扩展阵的提升与改进也是未来发展的一个重要方向。

图 4-2-5　FLASH 吊放声纳水下分机的基阵展开

图 4-2-6　HELRAS 直升机远程主动声纳水下分机的基阵展开

关于吊放声纳的内容，可以归纳小结为以下几句：

低空吊放，水下听音，精度高；

多机协同，收发分置，范围广；

基阵收扩，低频工作，效果好。

本节知识点

1. 反潜直升机主要使用吊放声纳进行搜潜。吊放声纳是利用声波在水下的传播特性进行工作的。

2. 吊放声纳与其他搜潜设备相比的优势：机动灵活、可反复使用、尺寸小，重量轻、工作方式多样。

3. 反潜直升机使用吊放声纳进行搜潜时需要在200米的巡航高度接近目标海域，到达通报位置上空后，在20米左右的高度悬停搜索。

4. 吊放声纳由水下分机、机上电子分机、绞车及电缆三部分组成。

5. 吊放声纳发展方向包括：频率低频化、多基地联合探测、可收扩基阵。

6. 吊放声纳主动发射声波时，声纳换能器受海洋混响的影响比较大。

第三节　散点布阵，高空撒网猎敌

反潜机使用吊放电缆将声纳（即水下分机）吊放在海里，进行水声探潜作业。实际上，还有一种声纳不需要通过电缆与反潜机直接连接，而是通过无线电接触，进行信号传递，这就是浮标声纳系统。

一、基本概念

浮标声纳系统是一种利用浮标将探头悬置水中进行目标搜索的水声探测系统。这种系统将声纳的探头部分制作成浮标的形式，使用时将其灵活地布放在海中，利用水声原理探测水下目标，并可以将探测到的信息，通过无线电发送给反潜机，以便进行目标的识别和测量。因此，这里要注意区分"声纳浮标"和"浮标声纳"两者的概念，简言之：前者是一种浮标器材，后者是一种声纳系统，前者是后者使用的探测器材。

浮标声纳系统主要由机上设备和声纳浮标组成。

二、机上设备

机上设备主要包括浮标装填与投放装置、多频道信号接收机、浮标信息处理设备和显示控制设备等。

浮标存放装置主要用于存放反潜机携行的声纳浮标，以备补充装填和投放时取用，一般采用专用的存放架。浮标装填与投放装置用于预先将设定好的浮标装填入其中，反潜机在空中在执行任务时通过它实现浮标的投放。既有单枚投放装置，也有多枚联装投放装置，此外，浮标投放装置又分手动和自动投放两种。反潜机多使用自动兼顾允许手动投放操作的浮标投放装置，但浮标的装填一般需要手动操作。

早期反潜巡逻机和反潜直升机的浮标装填孔多位于机舱外部，执行任务时，在飞机起飞前需要从地面进行浮标的装填，比如 P-3C 的浮标装填孔位于机身腹部，如图 4-3-1 所示；"海鹰"反潜直升机的浮标装填孔则位于机身侧面如图 4-3-2 所示。

图 4-3-1　P-3C 上的浮标设定与装填

图 4-3-2　"海鹰"反潜直升机上的浮标设定与装填

现代反潜机使用的新式浮标装填与投放装置，比如转筒式，可以实现浮标在机舱内的装填，还可以实现空中装填，即执行任务过程中的现场装填。美军 P-8A 反潜机内部的浮标存放和装填投放装置如图 4-3-3 所示。

浮标信号接收机主要用于反潜机与布放在海中的声纳浮标进行信息交互，包括接收声纳浮标发出的各类无线电信号（主要是测量到的水下声信号），还能够向声纳浮标发出控制指令（如调整浮标参数等）。信息处理设备主要用于处理声纳浮标上传到反潜机上的各类信息，主要是水下声信息，并采用频谱分析等算法对音频信息进行处理，还可以采用多种定位算法，辅助进行水下目标位置计算。此外，信息处理设备还要将测量的水下声信号变换到人耳敏感的频段上，以便声纳操作员使用耳机进行收听识别。

图 4-3-3　P-8A 巡逻机上的浮标存放架和转筒式投放装置

显示控制设备主要用于人机交互,也就是声纳操纵员的工作台,能够将声纳信息处理后实现可视化,主要是水下声信号的可视化,以及目标位置计算的可视化,还能实现设备操作人员对浮标声纳系统的控制。一种直升机上用的浮标声纳系统显示控制设备如图 4-3-4 所示。

图 4-3-4　浮标声纳系统显示控制设备

三、声纳浮标

浮标声纳系统的中最具特点的设备要数"声纳浮标"。

所谓"声纳浮标"是无线电声纳浮标的简称,是浮标声纳系统的水下部分。它由反潜飞机、反潜直升机携行,并布放于潜艇可能存在的海域,用于探测水下声信息的一种探潜器材。它是一次性使用的消耗性探潜器材,达到工作寿命后能够自沉海底。下面简要介绍声纳浮标的基本结构和工作过程。

(一)基本结构

声纳浮标总体上按照水中展开模式一般可分为上、下两个部分:水面浮囊和无线电装置、水下声纳探头。其主体结构和探潜工作示意图如图4-3-5所示。

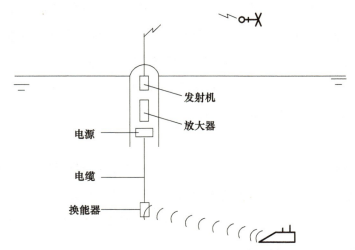

图4-3-5 声纳浮标主体结构及探潜工作示意图

上部主要是密封浮体,装有无线电发报机、电子设备和天线,还有浮囊充气装置。上部的主要作用有两个,一是充气装置在浮标入水后为浮囊充气产生浮力,实现浮标的悬浮;二是通过无线电天线露出水面收发信号,实现与载机的通信。

　　声纳浮标的下部主要是悬垂入水中的探头组件，主要包括电源、电缆和定深装置、电子舱、减震降噪装置和水声换能器等。电源一般为海水激活电池，浮标投放入水后，海水将电池激活，为整个浮标供电。电缆既能起到连接承载作用，还能够为换能器供电，并传递电信号，一般可长达200~300米或更长，由定深装置控制电缆将换能器等部件下放到指定的深度。比如P-3C投放的浮标可以设定深度为250米，即探头在水下250米深处工作。

　　减震降噪系统主要用于保持水下换能器在海中的稳定，减少或避免其晃动。当浮标完全展开后，浮标上部会随着海浪的起伏不断上下运动，为了避免浮囊上下运动影响换能器的工作，声纳浮标的电缆一般都设计成可伸缩的形态，同时还要通过减震降噪系统进一步减少浮标上部运动向下的传递，为换能器创造良好的工作条件。

　　换能器是声纳浮标的核心部件之一，主要用于发射和接收水中声波信号，可分为发射换能器和接收换能器两种。有的浮标只有接收换能器（水听器），只能工作在被动方式，即接收水下声信号，我们称之为被动声纳浮标。当然，还有主动声纳浮标，可以用于主动探测，其部件除了接收换能器，还有发射换能器，能够主动向外发射声波，再通过接收换能器接收处理来自目标的回波进行目标探测。

　　声纳浮标在海洋中的特殊使用环境，要求其换能器要具有尺寸小、功率大、灵敏度高等特点，以提升探测性能。为了达到这样的要求，有些声纳浮标设计了可扩展的换能器基阵，入水展开后，其水下的基阵能够扩展开，以实现更好的探测，如图4-3-6所示。

　　声纳浮标的电子舱主要用于处理声信号，控制换能器工作。有些声纳浮标还具有定向功能，因此其电子设备中必须包含定向装置，一般采用磁罗盘。具备定向功能的声纳浮标一般称为定向声纳浮标，非定向声纳浮标则称为全向声纳浮标。

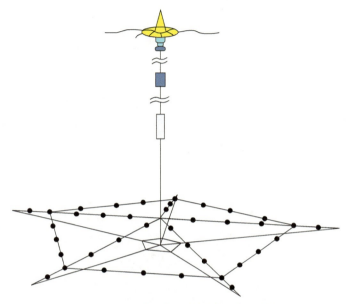

图 4-3-6 现代可扩展阵声纳浮标示意图

（二）分类和特点

根据是否具有定向能力，声纳浮标分为定向和全向两种，根据换能器类型或工作方式的不同，声纳浮标可分为被动和主动两种。因此，组合之后声纳浮标主要分为四类，即：被动定向声纳浮标、被动全向声纳浮标、主动定向声纳浮标、主动全向声纳浮标。

主动声纳浮标的结构要复杂一些，其特点是能够测量目标距离（回声测距原理），即实现定距，如果还具备定向功能，则一部主动定向浮标就能够测量出目标的位置，即实现目标的定位（方位和距离）。因此，主动定向浮标功能最全但成本较高，价格昂贵。

被动声纳浮标的成本低一些，并且其特点是不向水中发射声信号，隐蔽性好，不过不能测距。但如果具备定向功能，则理论上通过 2 枚被动定向浮标就能够测量目标的大概位置。因此，2 枚以上的被动浮标只要布阵合适，也可以实施对探测目标的初步定位。

但无论是被动浮标还是主动浮标,都是一次使用的消耗性器材,应尽量降低成本,并考虑航空平台使用,要求尽量体积小、重量轻。因此,声纳浮标还有规范的尺寸要求。目前国际上的标准尺寸常见的有 A、G、F 三种(图 4-3-7),这三种尺寸直径都是 124 毫米,只是长度不同,分别为:A-914 毫米、G-419 毫米、F-304 毫米,其中又以 A 和 F 两种尺寸的产品最多。

图 4-3-7　三种尺寸(长短)的浮标

四、工作过程

浮标声纳系统的工作过程主要分为两个阶段,一是布放声纳浮标,二是监听浮标信号。

（一）布放

浮标的布放是搜潜任务中的一项重要工作，其布放的好坏也是影响任务成败的关键因素。声纳浮标一般按照一定的阵型进行布放，主要有线形阵、圆形阵、方形阵等形式（图 4-3-8）。同时，还要考虑合适的布放间隔和浮标数量。此外，声纳浮标装机前还需要对浮标进行参数设定，主要参数有工作深度、工作时间和工作方式等。

图 4-3-8　浮标布放阵型示意图：线形阵、圆形阵、方形阵

布放声纳浮标前，反潜机应当根据搜索海区情况和已经获取的目标信息情况，事先规划出合理的布放阵型，争取在声纳浮标布放后，能够以最大的概率发现目标（图 4-3-9）。

图 4-3-9　反潜机投放声纳浮标

声纳浮标的展开过程如图 4-3-10 所示。声纳浮标投放离机后,在空中打开降落伞减速稳定下降,入水后,其海水电池激活,浮标逐步自动展开。浮标上部设备随浮囊漂浮在水面上,水声换能器(探头)则被下放到设定的工作深度上开始工作,测量水下声波信号,并将测量结果通过无线电天线发送给载机。

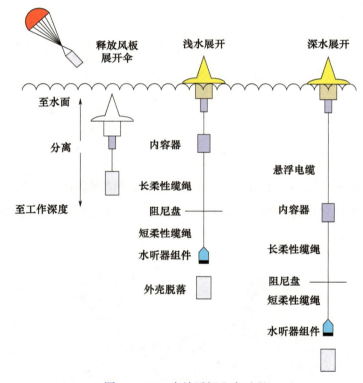

图 4-3-10　声纳浮标入水过程

(二)监听

布放完成后,反潜机要采用合适航线使用机上设备对成活的浮标进行监听。反潜机与声纳浮标的直线距离不能太远(一般为 20~40 千米),否则无法保证接收到浮标信号。因此,布放声纳浮标后,反潜机必须在浮标阵上空来回盘旋，才能保证对每一部声纳浮标都有足够的监听时间，以避免漏过潜艇目标。通常，反潜机需要低空低速按照拟定的航线飞行以便于监听（图4-3-11）。

图4-3-11　反潜巡逻机声纳浮标监听场景

反潜机接收到声纳浮标的信号后，机上设备进行浮标识别和声信号的解码与计算，生成可视化图像，以及可供收听的声音，辅助声纳员进行目标的识别和运动参数测量。

浮标声纳系统是反潜巡逻机必备的搜潜设备，也是一些中大型反潜直升机使用的搜潜设备。使用声纳浮标进行搜潜，可以归结为四句话：

机上水下无线联，浮标听音飞机转；

浮标类型功能多，发现潜艇靠合作。

> **本节知识点**
>
> 1. 浮标声纳系统依靠无线电将水下信息传送给反潜机。
> 2. 浮标声纳系统主要由机上设备和声纳浮标组成。
> 3. 声纳浮标的组成结构：上部主要是密封浮体，装有无线电发报机、电子设备和天线，还有浮囊充气装置；下部主要包括电源、电缆、电子舱、减震降噪装置和换能器等。
> 4. 声纳浮标一般按照一定的阵型进行布放，主要有线形阵、圆形阵、方形阵等形式。

第四节　航线盘查，贴海磁扫觅踪

　　磁探仪是磁异常探测仪的简称，它是一种探测由于潜艇的存在而使所在位置的磁场发生变化，进而发现潜艇的仪器，故又叫磁力探测仪。航空平台上安装使用的磁探仪叫做航空磁探仪，通常用于低空近距搜索、确认目标。

一、地球磁场

　　地球就像一块大磁铁，在它周围空间产生了一个巨大的磁场（图 4-4-1）。正是这个磁场保护着地球大气层和地球上的一切生物，免受太阳风暴的侵害。

图 4-4-1　地磁场

地球磁场的空间分布是有规律的，我们也能够很方便地感受到地球磁场的存在。例如：使用指南针、罗盘等（图 4-4-2），就能够利用地球磁场，快速分辨出南方和北方。

图 4-4-2　指南针、罗盘

地球磁场的负极 S 极在地球北极附近，正极 N 极在地球南极附近（图 4-4-3），磁轴和地理轴斜交 11.5 度。

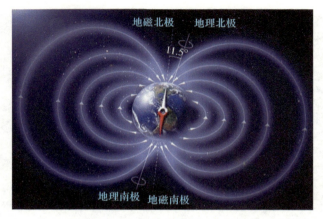

图 4-4-3 地磁场南、北极

地球磁场有这样几个显著特点：

一是地球磁场是一个矢量场，既有大小也有方向。

地磁场可以用如图 4-4-4 所示的坐标系表示。坐标原点为地磁场中任意一点，X 轴正向为地理正北方向；Y 轴正向为地理正东方向；Z 轴垂直向下指向地心；该坐标系为：北—东—地坐标系。

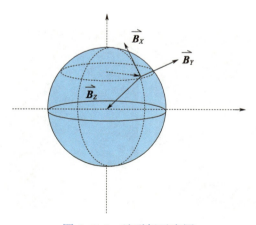

图 4-4-4 地磁场示意图

地磁场的方向在赤道附近基本水平。在南半球斜向上方，在地理南极附近指向正上方；在北半球斜向下方，在地理北极附近指向正下方。地磁场的指向与水平面的夹角称为地磁倾角,约定向下为正。因此,地磁倾角在赤道约为 0 度。在南极为约负 90 度。在北极为约正 90 度。地球磁场强度平均为约 50000 纳特左右。

二是地磁场的分布,在一定区域内是比较均匀的(如方圆几百千米范围内),图 4-4-5 为地磁场垂直分量强度等值线图,图 4-4-6 为地磁场水平分量强度等值线图。

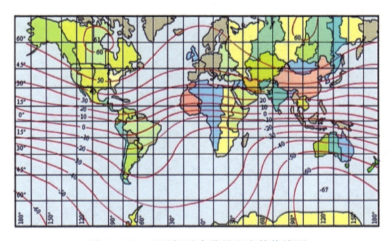

图 4-4-5　地磁场垂直分量强度等值线图

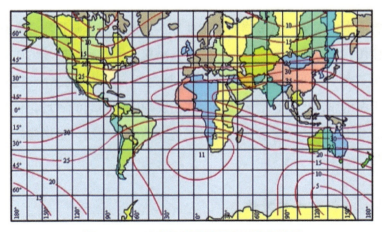

图 4-4-6　地磁场水平分量强度等值线图

图中可以看出，在几百千米的范围内，地磁场强度变化不大。此外，这两张图也反应出，地磁场的强度等值线基本沿着东西方向延伸。也就是说，地磁场在经度方向上的变化比较小，在纬度方向上的变化比较大。

三是地磁场强度不受海水影响，也就是地磁场能够穿透海水。即磁场不会因为空气、海水等介质而改变（图4-4-7）。

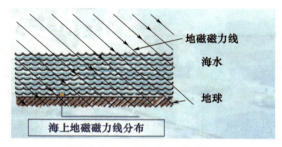

图 4-4-7 海上地磁磁力线

二、潜艇磁场

（一）潜艇磁场的构成

潜艇通常由大量的铁磁物质制造而成。潜艇上的铁磁物质会受到地磁场的磁化作用，产生即时感应磁场；此外，潜艇长期受到地磁场的磁化作用还会产生剩磁累积，形成固定磁场。我们将这两者称为潜艇静态磁异常。此外，由于海水腐蚀作用，潜艇还会存在由腐蚀电流引起的磁场，称为腐蚀电流磁场。其中，由感应磁场和固定磁场组成的静态磁场，是潜艇磁场的主要组成部分。

（二）潜艇磁场的特性

在潜艇纵向方向上，在2倍艇长范围内，磁场强度约按距离3次方规律衰减。距离越远磁场强度越小（图 4-4-8）。

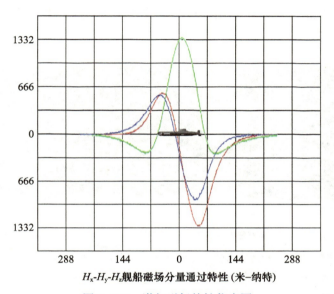

H_x-H_y-H_z舰船磁场分量通过特性（米-纳特）

图 4-4-8　潜艇磁场特性仿真图

例如，一艘长度为 100 米左右的常规潜艇，经过了一定的消磁处理后，在距离 400 米处引起的磁异常约为 0.15~0.3 纳特。这与地球磁场平均 50000 纳特的强度相比是很小的，不到地磁场强度的十万分之一。而反潜飞机就是在这种条件下，利用磁探仪进行潜艇目标的测量。

三、航空磁异常探测基本原理

（一）基本原理

反潜飞机探测水下潜艇目标磁异常，就利用了前面讲到的地球磁场和潜艇磁场的几个特性。

首先是潜艇活动能力有限，在潜艇活动的一定区域内，地球磁场基本稳定，变化不大。而潜艇本身受地球磁场磁化作用后，会在其周围形成较弱的磁场。地磁场和潜艇磁场相互叠加，就造成了始终有一片磁异常区域与潜艇如影随形。反潜飞机就是利用磁场测量装置，探测这种磁异常，从而发现潜艇（图 4-4-9）。

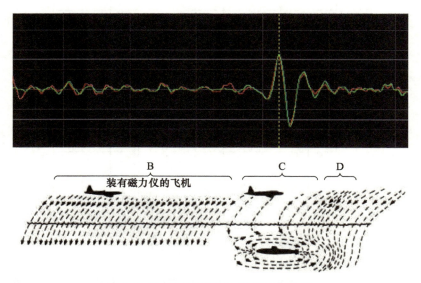

图 4-4-9　航空磁探仪工作原理示意图

这个过程说起来简单，然而要在地球磁场背景下探测仅有十万分之一的微弱磁异常，并不是件十分容易的事情。更为糟糕的是：由于航空磁探仪必须由反潜飞机携带使用，而反潜飞机也像潜艇一样，自身含有铁磁物质，同时也必须活动在地球磁场环境中，自然会受到地球磁场的磁化作用，也会产生各种类型的干扰磁场。而由于磁探仪必须安装在飞机上，或者由飞机拖曳使用，磁探仪距离飞机机身不可能太远。因此，航空磁探仪必然会受到飞机自身磁异常的影响。这个异常磁场的强度也远大于潜艇磁异常强度。

通常，载机自身的磁场难以消除和避免，因此，为了尽量减少自干扰，反潜飞机或直升机的磁探仪只好把探头安装在远离最大磁干扰源的位置。固定翼飞机一般是将磁探传感器安装在尾部，成为尾杆式，如图 4-4-10 所示。反潜直升机则采用拖曳式安装方式，以便探头工作时远离机身，如图 4-4-11 所示。

图 4-4-10　固定翼飞机的磁探仪一般采用尾杆安装

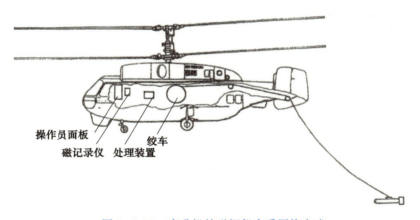

图 4-4-11　直升机的磁探仪多采用拖曳式

飞机上的电子设备、雷达、螺旋桨等工作起来都会产生明显的磁干扰，因此，以驾驶舱、发动机和雷达所在的机首部分为最强干扰区。其次是机身为中间段，有各种电子电气设备的工作会形成电磁干扰。在飞机尾翼也有些电子设备和天线等，存在一部分电磁干扰，如图 4-4-12 所示，磁干扰源大致分为上述的三段区域。通常情况下，距离飞机 10 米远处的磁场异常信号约为 10 纳特数量级，是潜艇磁异常信号的几百倍。

所以，实际上航空平台自身的磁异常是航空磁探仪的主要背景干扰，而地球磁场则是相对稳定。这种情况下，要测量微弱的潜艇目标磁信号，应该怎么办呢？这就要用到航空磁探仪的另一项关键技术：磁补偿技术。

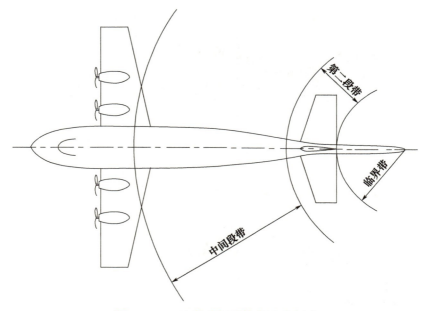

图 4-4-12　飞机磁场干扰范围示意图

（二）磁补偿

磁补偿就是人为建立一组与飞机干扰磁场大小相等方向相反的磁场，以便在测量潜艇目标时，将其叠加在测量信号上，从而抵消飞机背景磁干扰。

飞机背景干扰的获取方法有两种，一种是硬补偿，另一种是软补偿。

硬补偿就是采用硬件补偿系统（线圈）在磁探仪上建立补偿磁场。根据测量系统获得飞机背景磁场与地球磁场相加的总干扰信号，利用补偿系统建立相反的补偿磁场，从而实现干扰信号的消除，如图 4-4-13 所示。

软补偿就是用软件方法事先计算出补偿信号，然后，通过数字信号处理的方法，将补偿信号与测量信号实时叠加在一起，从而实现干扰信号消除。软补偿的计算示例如图 4-4-14 所示，磁补偿效果仿真如图 4-4-15 所示。

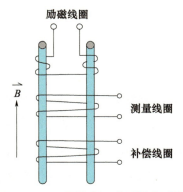

图 4-4-13 硬补偿：实测补偿系数

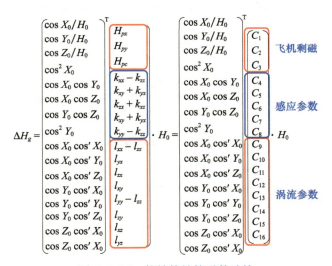

图 4-4-14 软补偿补偿系数计算

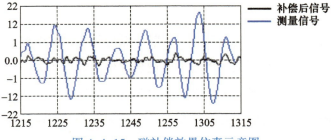

图 4-4-15 磁补偿效果仿真示意图

四、磁探仪搜潜方法

由于潜艇消磁、飞机背景磁场干扰等原因,目前在用的航空磁探仪的有效作用距离一般只有几百米。与声纳等其他搜潜设备相比,磁探仪的作用距离很小,因此其搜索范围也比较小。图 4-4-16 展示了磁探仪搜索的有效范围 W_{cty},与探头水面高度 H_{fx}、潜艇深度 h 和磁探仪有效探测距离 d_{cty} 直接相关,根据图示关系由勾股定理即可计算出 W_{cty},比之声纳的数千米探测范围,实在是比较小,但磁探仪的探头可以随着载机不断移动进行海平面扫描式搜索。

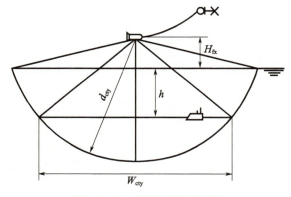

图 4-4-16　磁探仪搜索范围

因此,使用航空磁探仪搜潜有这样几个特点:

一是反潜机飞行高度受到限制,不能飞得太高,一般在应在 50~150 米高度;

二是反潜机机动飞行受到限制,一般应保持平飞,减少机动;

三是航空磁探仪并不适合大范围巡逻搜潜作业,而主要用于小范围应召搜潜,或者检查搜潜,或者在更小范围内实施对目标的确认和定位。

四是探测距离近所以定位精度相对较高,能够为攻潜武器使用提供较准确的目标位置信息。

此外，使用磁探仪作业还要看海况、气象条件。当海上风浪较大（如5级海况以上）时，云底高度较低（如小于100米）时，水平视距较小（如小于1000米）时，为保证飞行安全，通常不适合使用磁探仪搜潜。

航空磁探仪搜潜基本方法是平飞直线搜索。可单机操作，也可多机协同操作。使用航空磁探仪进行搜潜作战时，反潜机一般按照平行的航线，相距一定的间隔，采取合理的高度和速度，扫描搜索一定海区。单机和多机搜潜基本航线设置如图 4-4-17 和图 4-4-18 所示。

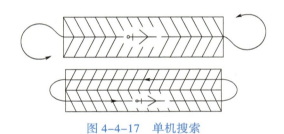

图 4-4-17　单机搜索

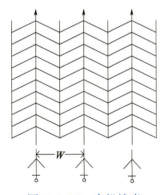

图 4-4-18　多机搜索

至此，关于航空磁探仪搜潜，也可以归纳小结为几句话：

磁探看探头，尾杆和拖曳；

机身有干扰，补偿是关键；

探测距离近，识别即定位。

本节知识点

1. 地球磁场是一个矢量场，既有大小也有方向。

2. 磁探仪是利用地球磁场和潜艇磁场不同的特点进行目标探测的。

3. 使用航空磁探仪搜潜的特点：反潜机飞行高度和机动性受到限制、不适合大范围巡逻搜潜作业、定位精度比较高。

4. 航空磁探仪安装在飞机或直升机上。直升机一般采用拖曳式探头，固定翼飞机一般采用尾杆式探头。

5. 反潜机使用磁探仪时，可单机操作，也可多机协同。

第五节　扬长避短，齐力辅助搜潜

茫茫大海之中寻找潜艇，始终是一项难题。何况在敌我双方此消彼长的对抗过程中，彼此都在不断发展。潜艇为了保持水下的威胁，非常注重其隐身性能的提高，比如通过降低自身噪声和消磁等手段，现代潜艇越来越难发现，常规的航空声纳或磁探仪作用距离受到了限制。因此，仅仅依靠航空声纳、磁探等技术手段来搜索潜艇是远远不够的。比如，对于露出水面或者通气管、潜望镜状态的潜艇，航空雷达也是一种经典的搜潜手段。除此之外，人们还在不断追寻和尝试新的搜潜方法和手段。至今，已经出现了很多声、磁之外的航空搜潜设备或技术。

所以，现代反潜巡逻机都安装了尽可能齐全的搜潜设备，以根据现场情况视情使用，扬长避短，采用多种方式和手段来搜寻潜艇。下面简介几种声、磁之外的搜潜技术或手段。

一、航空搜潜雷达

雷达是探测各类目标的有效手段，有很高的搜索效率，但由于电磁波水下衰减极快，它无法搜索水下的潜艇目标。不过，潜艇有时需要使用潜望镜观察水面状况，常规潜艇还需定期上浮使用通气管或浮出水面进行充电。此时搜潜雷达就有了用武之地，它可以快速完成海面目标的搜索，能够发现潜望镜或通气管状态的潜艇。所以搜潜雷达也是反潜机必备的一种探测手段（图 4-5-1）。现代的搜潜雷达，当海况较好时，可以在 30~50 千米之外探测到露出水面的通气管或潜望镜。

图 4-5-1　配备对海雷达的反潜巡逻机和反潜直升机

二、红外光电搜索仪

光在水中衰减很快，因此水中能见度有限，很难用光的方式发现水下超过十米的潜艇目标。但是当潜艇处于近水面状态时，采用可见光或红外线对其进行探测是可行的，这种设备就是红外电视搜索仪（图 4-5-2）。当能见度较高时，可直接用可见光摄像头搜索近水面目标，当在夜晚或能见度低的情况时，可采用红外摄像头进行搜索。同雷达相比，红外电视搜索仪距离更近，但可以观察到更多目标细节，通常会与雷达配合，共同发现、识别近水面目标。

图 4-5-2　"超山猫"反潜机"鼻头"装有红外光电转塔

三、激光探潜仪

人们发现波长在 532 纳米左右的蓝绿光在水中传播时衰减相对较小。如果加大光的功率向水中照射，可以实现水下一定深度目标的探测。由此，为了探索新的探潜手段，人们研制出来另一种探潜设备——激光探潜仪。目前先进的激光探潜仪已经能够发现超过 80 米深度的潜艇。尽管激光探潜仪的搜索效率较高，但是目前只能作为辅助手段使用，原因是潜艇活动深度越来越大，激光探潜仪无法实现大深度上的全覆盖，并且技术难度还很大，还有待继续开发。

四、电场探潜

电场探潜是一种新技术，其基本原理是：潜艇外壳及螺旋桨是由不同金属制成的，这些金属在海水中会发生化学反应，产生电流，使得潜艇周围会存在一定强度的电场。通过专门的电场探测传感器可以测到这一电场，从而可以判定潜艇的存在。由于这一电场本身比较微弱，并随距离衰减很快，目前探潜的距离还不是很大，至多能达到千米的量级。

五、重力场探潜

潜艇的吨位一般为数千吨，核潜艇吨位更大，它们总体上是由外部的壳体和内部的空腔组成，密度分布不均匀。根据万有引力定律，潜艇的出现会改变其周围的重力场，使用专门的重力仪可以探测到这一微弱的变化，可据此作为潜艇存在的线索，能为其他搜潜设备的使用提供先导信息。通过分析表明，重力探潜具备发现数百米外潜艇目标的能力。

六、尾迹探潜

潜艇在水下航行时会产生尾流，在深度不大的情况下，经过一定的时间，这些尾流会上浮到海面，使得尾流所在区域的海水与周围区域海水特征不同，使用红外线、电磁波等手段可以探测到这些痕迹的存在，这就是尾迹探潜。这些尾迹可存在数小时，因此这种形式发现潜艇的时效性较差，但作为预警信息仍很有价值。

综上所述，为了找到潜艇，人们真可谓想方设法。对于目前人们涉及的一些其他搜潜方式手段，归纳几句话如下：

雷达红外搜水面，激光电场探水下；

重力尾迹作预警，扬长避短齐搜潜。

本节知识点

1. 尽管现代潜艇很少露出水面，但对海雷达依然是基本的搜潜手段。

2. 红外、光电搜索等都是必要的辅助手段。

3. 蓝绿激光在水中传播时衰减相对较小，能实现对水下一定深度的目标探测，但还在开发探索中。

第五章

攻潜效果好，武器特色化

航空攻潜武器又称航空反潜武器，属于空投水中兵器，是由航空平台投放、用以攻击、毁伤敌方潜艇的武器，主要包括航空反潜鱼雷、航空深弹和航空水雷。

航空反潜鱼雷是反潜机普遍装备的实施反潜作战的重要武器，主要用来攻击水下特别是深水中的常规/核动力潜艇。由于浅水海域的声学特性异常复杂，声波传播会受到各种环境因素的干扰和影响，使鱼雷的声自导性能大为降低，攻潜效果往往不理想，而常规深水炸弹则不受其干扰和影响，从而成为浅水海域反潜的常用武器。此外，深弹结构简单，造价低廉，战时可大量生产和使用。因此，鱼雷和深弹作为海军必备武器，经常搭配使用。水雷也是一种有效的反潜武器，航空水雷既可用于进攻，对付舰艇和潜艇，又可用于防御，对预定海区、口岸实施控制封锁等。俄罗斯海军航空兵还装备有航空反潜导弹，其结构和应用与航空鱼雷相似，因此国际上也将其归类为航空反潜鱼雷。

本章结合世界典型航空反潜武器的发展和现状，重点讲述航空反潜鱼雷、航空深弹和空投水雷的基本概念、结构组成和工作过程以及发展趋势等。

第一节　精确制导，水下追击惊敌魂

现代鱼雷，号称"水下导弹"，是一种能够自动搜索、识别目标并自动导引攻击目标的水中兵器，属于精确制导武器。航空反潜鱼雷，是由飞机或直升机等航空平台投放，主要用于攻击潜艇的鱼雷，是航空反潜的主要武器（图5-1-1）。

图 5-1-1　飞机和直升机投放航空反潜鱼雷

鱼雷诞生于1866年，之后迅速发展成为重要的海战武器。如今，典型的反潜武器中，鱼雷居首位，也是世界多国重点发展的武器。而航空反潜鱼雷，则是现代鱼雷的一个重要发展分支，仅美国在战后就研制了十几型，俄罗斯也有多型。英国、法国、意大利、瑞典等国，都是榜上有名的先进航空反潜鱼雷制造国。

那么，航空反潜鱼雷为什么如此重要呢？

一、航空反潜鱼雷的作用与地位

航空反潜鱼雷出现于二战后期。美国领先研制了空投声自导鱼雷，并在实战中试验,用于对付德国潜艇,结果大获成功。虽然,鱼雷在反潜战中属于晚到的武器,但可以说是"一鸣惊人"。正因为使用了声自导,这种能够有效对付"水下幽灵"的精确制导武器,立马引起了各国关注,战后得以迅速发展。

早期的鱼雷都是直航鱼雷,主要用于反舰。不过,水中航行的隐蔽性和水下爆炸的巨大威力以及较强的毁伤效果,使得鱼雷武器在海战中的作用和地位凸显出来。在二战中,声自导鱼雷的出现,带来了鱼雷技术发展的变革。

鱼雷顶部安装的自导头,是一部小型声纳,能够自动搜索识别目标,并导引鱼雷追击目标,大大提高了鱼雷的命中率。起初出现的是只能"听目标噪声"的被动自导鱼雷,后来人们又发明了主动声自导鱼雷,能发射声波,然后通过接收处理回波来探测目标,这样就能够对付降低了噪声、越来越安静的潜艇。而现代航空反潜鱼雷,都采用主被动联合、双平面声自导技术,还具有先进的目标信息处理能力,能够有效识别目标,并具备一定的抗干扰能力(图 5-1-2、图 5-1-3)。

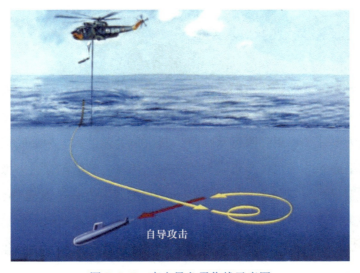

图 5-1-2 声自导鱼雷作战示意图

图 5-1-3　航空反潜鱼雷作战示意图

航空反潜鱼雷，体积小、重量轻，具有空投使用的多种优势，可以快速攻击、近敌投放，使潜艇来不及规避，因此攻潜效果好，作战效能高，是各国重点发展的反潜武器。

那么，航空反潜鱼雷的结构和特点又是怎样的呢？

二、航空反潜鱼雷的结构及特点

相比导弹等武器，鱼雷的典型外观特征一般有三处：雷体、雷顶和雷尾（图 5-1-4）。首先是雷体，特别光顺圆滑，极少有凸出或凹陷部位，主体呈柱状，因为要减少水阻和降低水噪声。其次是雷顶，一般为平底锅形状，因为要使用平面基阵，也就是水声天线阵列，基阵表面覆盖着透声橡胶模，雷顶一般有明显的分段线。最后是雷尾，多数有螺旋桨——这是导弹没有的。现代有些鱼雷采用新的推进装置，比如泵喷射器，不再见到螺旋桨，但是有明显的喷口。不过，不管使用哪种推进器，雷尾都有舵叶，多为 4 片。通过这三个方面，一般足以识别鱼雷。

图 5-1-4 航空反潜鱼雷结构

（一）典型结构

鱼雷的典型结构，一般由首至尾分五段：雷顶、雷头、中段（控制段）、后舱和雷尾（图 5-1-5）。

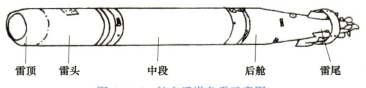

图 5-1-5 航空反潜鱼雷示意图

雷顶，通常又称自导头，相当于鱼雷的耳目，主要用于安装自导装置的基阵和电路板等部件，鱼雷通过基阵来探测目标。

雷头，又分战雷头和操雷头。对于战雷，雷头就是战斗部，内部有主装药和引爆装置；对于操雷，则没有装药，里面装的主要是"黑匣子"和各种传感器，以及便于打捞的各种信号产生装置等。

中段也称控制段，因为控制系统的电子舱和电源等通常安装在这里。中段比较长，除了电子舱，一般还有动力系统的能源部分——对于热动力鱼雷，是燃料舱，对于电动力鱼雷，则是电池舱，它们一般都在中段的后面，占用大部分空间。

鱼雷的后舱内主要是动力机构，也就是热力发动机或者电动机，以及速度转换装置等。

鱼雷的尾段主要是各种推进器和舵叶及操舵机构等。鱼雷推进器常见的是螺旋桨，很多鱼雷采用正反转双层螺旋桨。现代先进的鱼雷采用泵喷射推进器，雷尾不再有螺旋桨。也有火箭发动机鱼雷，采用涡轮喷水推进器。但无论采用何种推进器，雷尾的舵叶和操舵机构是需要的，以实现鱼雷的水下航行。

需要强调的是，空投鱼雷还要安装空投附件，主要是吊带（箍带）和空中稳定装置。吊带用于实现鱼雷在挂弹架上的挂载，通常需要两根，捆绑在雷体中段重心两侧。并且吊带一般是可以在空中自动解脱的弹性钢带，以保证在鱼雷入水前自动脱落。空中稳定装置安装在雷尾，其主体是降落伞装置，用于稳定鱼雷的空中弹道，并实现减速下降，以保证鱼雷以合适的角度和速度入水。入水后，空中稳定装置自动从雷尾分离，如此，鱼雷在水下便能正常航行。

（二）性能特点

现代航空反潜鱼雷均为小型雷，多采用324毫米直径，一般长度不超过3米，重量约两百多千克。基本都使用主被动联合、双平面声自导技术，探测作用距离可达2000米以上。航速较快，一般超过40节，有的已超过50节，比如美国的Mk50型鱼雷和欧洲的MU90型鱼雷等。工作深度较大，多数可达500米，以满足攻击大潜深目标的要求，个别鱼雷已突破1000米。战斗部装药不算多，一般为40千克左右，但多采用聚能炸药，以及定向爆破技术，能够有效地击穿潜艇的耐压壳体、甚至是双层壳体。只要壳体被击穿，足以让潜艇致命。

航空反潜鱼雷可以由飞机和直升机挂载。飞机一般是内舱挂载，比如P-8A巡逻机，其尾腹部内舱可以挂载5条鱼雷。直升机多为舷侧外挂，一般挂载一条鱼雷，有的可以挂两条或者更多。反潜作战中，飞机或直升机投放鱼雷时，需要低空低速飞行，以保证投弹点（入水点）的准确度和投射成功率。直升机还可以低空悬停投放，更有利于提升攻潜效能。

三、航空反潜鱼雷的现状与发展

美国的Mk46型鱼雷是轻型热动力鱼雷的代表作，自20世纪80年代问世以来，共生产了两万条以上，出口到很多国家和地区，并且不断升级改装，至今仍有不少在役。现役先进的航空反潜鱼雷主要有：美国的Mk50和Mk54、法国的"海鳝"、英国的"鲭鱼"和法、意等国联合研制的MU90等。其中，美国的Mk50反潜鱼雷堪称先进轻型鱼雷的"标兵"，它采用了多项顶尖技术，比如：双回路闭式循环汽轮发动机、新型低噪声自导头、计算机及微电子技术、定向聚能爆炸结合垂直命中技术，使该鱼雷在航速、航程、航深、命中率和爆炸威力等方面都有显著提高。

Mk50的诸多性能特点标示着先进鱼雷的发展方向，主要有：提高航速，增大航程，加大航深；降低自噪声，增强自导作用距离，提高鱼雷浅水作战能力；提高爆炸威力等。简而言之，就是使鱼雷具备快、远、深、灵、准、狠等特点，成为隐蔽可靠、威力强大的"水中导弹"。

表 5-1-1 国外部分航空反潜鱼雷基本性能一览表

型号名称	国别	装备年代	直径/毫米	长度/米	重量/千克	航速/节	航程/千米	航深/米	制导方式	引信（爆炸方式）	装药/千克	主机	能源
Mk46-5	美国	20世纪70年代末	324	2.67	232	45	10	450	主、被动声自导	惯性+主动电磁非触发	43 PBXH-6	斜盘往复式发动机	澳托-Ⅱ燃料
Mk50	美国	20世纪90年代	324	2.79	343	60	20	1250	主、被动自导智能化	定向聚能	67 PBX.M103	兰金循环汽轮机	熔锂—六氟化银
A244/S	意大利	20世纪70年代	324	2.75	221	33	7.0	500	主、被动自导	惯性+主动电磁非触发	40	电动机	镁氧化银海水电池
A290	意大利	20世纪90年代	324	2.75	300	40	10	1000	主、被动自导	定向聚能	40	电动机	铝氧化银海水电池
L-4	法国	20世纪80年代	533.4	3.03	539	30	6.0	300	主动	惯性+主动声引信	116	电动机	银锌电池
"海鳝"	法国	20世纪90年代	324	2.75	250	38/53	10	1000	捷联惯导+被动+智能化	定向聚能	60（PBX）	单转高速永磁电机	铝氧化银海水电池
TP45	瑞典	20世纪90年代	400	2.8	310（机）330（舰）	15/25/35	7.0	—	线导+主、被动声自导	触发及声近炸	45	三速直流电机	银锌电池

续表

型号名称	国别	装备年代	直径/毫米	长度/米	重量/千克	航速/节	航程/千米	航深/米	制导方式	引信（爆炸方式）	装药/千克	主机	能源
TP43-2	瑞典	20世纪90年代	400	2.80	310	30，三速制	7.0	350	主、被动	触发及声近炸	45	直流单转电动机	银锌二次电池
"鲟鱼"	英国	20世纪90年代	324	2.60	267	40	6.2	1000	主、被动	惯性触发	45	电动机	镁氯化银海水电池
APR-3E	俄罗斯	20世纪90年代	350	3.6	325	30/36/70	4-6	800	主、被动	惯性+主动声引信	45	涡轮喷水发动机	固体燃料
73式	日本	20世纪70年代	324	2.57	225	40	6.0	300	主动声自导	非触发	40	电动机	海水电池

本节知识点

1. 声自导鱼雷的出现带来了鱼雷技术的变革。
2. 空投鱼雷通常需要在挂载前安装空投附件。
3. 先进的轻型航空反潜鱼雷有：美国的Mk46、Mk50、Mk54，欧洲的MU-90，法国的"海鳝"，英国的"鲕鱼"，意大利的A244/S等。
4. 攻击水下目标尤其是深水目标，更适合使用鱼雷。
5. 鱼雷的典型结构，一般可以由首至尾简单分五段：雷顶、雷头、中段（控制段）、后舱（动力）和雷尾。

第二节 多点截击，数枚连投丧敌胆

深水炸弹，简称深弹，是传统而又经典的反潜武器。因为深弹就是为反潜而诞生的。起初，水面舰艇上的深弹，直接从甲板抛放或投掷，通过多枚散布截击潜艇（图5-2-1）。通常，发动深弹攻击时，对于散布点下方水中的潜艇官兵，场面是十分恐怖而惨烈的。

后来，为了增加射程，水面舰艇装备了火箭深弹。当然，人们很快就发明了航空深弹，因为使用飞机投弹，不但解决了水面舰艇鞭长莫及的问题，还具有反应快速、攻击突然等优势。因此，航空深弹被大量装备使用，成为反潜的重要武器。

图 5-2-1　反潜舰发射火箭深弹

一、为反潜而生，物美价廉

为了对付潜艇，英国人最早研制了深弹，起初是一种安装水压引信和触发引信的"油桶式"炸药包（图 5-2-2）。其结构简单，但对付潜艇却十分管用。

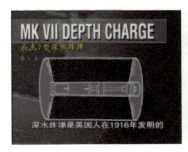 

图 5-2-2　"油桶式"深弹

航空深弹的结构也并不复杂，大多基于航空炸弹的外形、壳体及装药而研制。早期主要使用水压引信或定时触发引信。后来，不仅重点改进了适合水下工作的引信，还安装了空中稳定装置，比如美国的 Mk54 航空深弹（图 5-2-3）。尽管如此，航空深弹依然具有制造容易、成本低廉、维护简便、使用方便等特点，并且水下爆炸威力大，多枚连投可以提高命中率，实在是物美价廉的"反潜神器"。

图 5-2-3　美国的 Mk54 航空深弹

一战期间，深弹出现后，很快在反潜战中发挥了重要作用，被深弹击沉潜艇，达到各种武器击沉潜艇总数的 15.6%。而二战中，这一比例上升至 45.5%。并且，航空深弹在深弹击沉潜艇中所占比例高达 72.9%，也就是说，击沉潜艇的深弹，大多数是由航空兵投放的，显示了航空深弹的高效能。

总之，实战表明，深弹是非常优秀的反潜武器，廉价又实用。所以，自二战以来，各国海军拥有大量的深弹武器，并普遍安装了舰载多管深弹发射装置，而航空深弹也在不断发展。

二、于战后失宠，地位没落

深弹因反潜而生，并被大量用于反潜战，且战绩突出。但是，在二战以后，由于各种制导技术的迅速发展，进入了精确制导的高科技武器时代，海战武器的发展逐渐聚焦到各种导弹和鱼雷上，特别是随着自导鱼雷的发展，深弹逐渐成了次要的反潜武器。

以美国为首的多数国家，认为深弹在现代战争中作用有限，不能满足新形势反潜战需求。所以，美国从20世纪60年代末就停止生产深弹，美、英等国70年代以后建造的水面舰艇就不再装备深弹。他们相信，现代化战争，需要大量制导武器。特别是针对现代深潜的静音潜艇，传统的深弹已无用武之地，应该重点发展鱼雷、反潜导弹或者水雷。

于是，战后深弹的反潜地位慢慢被自导鱼雷所取代。虽然，深弹不至于被完全淘汰，因为除了反潜，它还可以用于突破雷阵、扫清航道、清除雷障、抢滩登陆等其他场合。但毕竟在多数国家深弹的发展已不受重视。

然而，失宠多年的深弹，在现代的一次海战后，获得了再度关注和新生。

三、因实战而起，再受瞩目

在1982年的马岛海战中，英国和阿根廷两国都使用了自导鱼雷反潜，双方至少6次发射鱼雷，但无一命中。不过，英军使用反潜直升机投放Mk11深弹（图5-2-4），却击伤了阿根廷的"圣菲"号潜艇，使其被俘。此举向世人展示：航空深弹在现代海战中仍具有一定的作用。从此，深弹武器再度受到瞩目。

图5-2-4　Mk11航空深弹

其后，美国和法国都向英国订购了 Mk11 深弹。法国、日本、瑞典、挪威及第三世界国家的海军仍然在使用和不断改进深弹，作为护卫舰及小型水面舰艇的反潜武器。自 20 世纪 90 年代以来，俄罗斯、意大利、瑞典、美国、德国等国家相继开发了航空自导深弹。

俄罗斯海军在认同自导鱼雷、反潜导弹发挥主要反潜作用的同时，也注意到深弹不可取代的地位和作用，因此从未停止深弹的研发，相继发展了系列化的火箭深弹，同时也为航空兵研制了多型航空深弹，包括自导深弹。目前，俄罗斯在深弹的射程、自导技术、多用途等诸多方面处于世界领先地位。

俄罗斯的航空自导深弹，除了早期出口的 S-3V 型，现在已装备了第二代。这种代号"围猎"-2（ZAGON-2）的新型自导深弹，有效探测距离达 450 米以上，并且投放入水后可以按设定深度悬浮水中，成为"漂雷"，开启待敌模式，若发现目标则下沉迎击；如设定时间内未发现目标，则自动下沉，并搜索潜艇，直至命中目标或沉入海底。其资料宣称："若 6 枚连发，即便有 200 米的探测误差，命中率依然可以达到 60%"。果真如此的话，其性价比已然超过反潜鱼雷，而且还能满足攻击深水目标的需求，成为挑战鱼雷的新型武器。这型深弹在展会上立马引起多国关注。

除了俄罗斯之外，瑞典、意大利也一直持续研制新型深弹。比如，瑞典的 SAM204 型、意大利的 MS500 型，都是先进深弹的代表作。

由于反潜导弹和鱼雷造价高，且易受干扰、浅水性能差，欧美多国已致力于开发廉价反潜武器（LCAW）。小型化、加装自导甚至加助力推进的新型深弹，成为各国研制的重点对象。例如，德国研制了一种有动力的航空自导深弹，弹径 165 毫米，重量才 36 千克，装药仅 5.6 千克，但采用定向聚能爆炸技术，使用声自导和声引信，利用动力加速垂直攻击，可以击穿双层壳体，迫使潜艇上浮。意大利的 A200 型自导深弹，只装 2.5 千克聚能炸药，弹径 124 毫米，长不足 1 米，重量仅 12 千克。个头虽小，却不容小觑，它不仅可以反水下突击和反鱼雷,用于反潜也毫不逊色,至少它能逼迫潜艇上浮或者击伤潜艇。

2018年11月,在霍尔木兹海峡,伊朗深弹炸出3艘美国潜艇的"意外事件",再次证明了深弹是不容忽视的反潜武器。

随着各种技术的发展,微型化、有动力的自导深弹或将成为反潜武器家族中最具活力的新成员。这种廉价实用的"微型鱼雷",单个威力虽然小,但使用多枚进行散布覆盖或者密集投放,将取得非同凡响的作战效能。可见,深弹在反潜战中将长期具有不可替代的地位和作用。

> **本节知识点**
>
> 1. 浅水或者水面的目标,更适合使用深弹攻击。深弹就是为反潜而诞生的。
> 2. 为了对付潜艇,英国人最早研制出了深弹。
> 3. 为了增加射程,水面舰艇上装备了火箭深弹。
> 4. 深弹在反潜战中将长期具有不可替代的地位和作用。
> 5. 英阿马岛海战中,英国的直升机使用航空深弹击中了"圣菲"号潜艇。

第三节 天降伏兵,快速布雷慑敌心

水雷,是"古老而充满活力"的水中兵器。古老,是因为水雷自问世以来,已有四百多年的历史;充满活力,是因为水雷至今虽然是重要的海战武器，并且还在生机勃勃的持续发展，甚至作为战略武器，拥有极其重要的作用与地位（图 5-3-1、图 5-3-2）。

对于反潜来说，埋伏在水中的水雷，攻击水中的潜艇目标，简直是理所当然的"份内职责"。而水雷武器，装药多、威力大，一枚足以致命，且布署隐蔽、易布难扫，威慑力极强。

空投水雷，则是由飞机等航空平台投放的水雷，也称航空水雷。使用空投水雷反潜，也是航空反潜的一项重要内容和有效手段。

图 5-3-1　二战中的苏制触发锚雷

图 5-3-2　漫画：令人望而生畏的水雷

一、航空布雷的重要意义

航空布雷具有快速机动、覆盖面大、容易突防等特点，虽然也有布雷精度低、携带量少等缺点，但快速远程布雷的优势，是水面舰艇和潜艇等其他平台望尘莫及的（图5-3-3）。

二战时期，航空布雷得到了各国的重视并广泛应用，发挥了重大作用。著名的"饥饿行动"就是航空布雷的经典战例。

1945年3月底至8月中旬，美国用水雷封锁日本本土，使日本海上交通运输线几乎全部被切断，很快陷入全面瘫痪状态，其工业产值减少三分之二，数百万人挨饿，史称"饥饿行动"。早在1944年底，太平洋战区总司令尼米兹上将在美军参谋长联席会议授权下，主持制定水雷封锁日本本土的计划，并以"饥饿"为战役行动代号，获罗斯福总统批准。这次战役行动中，美军布雷封锁历时四个半月，主要由陆军航空兵的B-29轰炸机（图5-3-4）实施，共出动飞机1528架次，布雷1.2万余枚，基本上达到了战役目的。共炸沉、炸伤日本舰船670艘，其中包括"海鹰"号航空母舰在内的65艘军舰。损伤的舰船总吨位近140万吨，相当于战役开始前日本舰船总吨位的75%。港口、航道被封锁，日本舰船几乎停航，对外海上交通线中断。日本失去原料来源，军工生产陷于停顿，全国陷入饥饿状态，国力和军队战斗力急剧下降，加速了日本的崩溃。

美军此次攻势布雷效果非常显著，平均每布设21枚水雷就炸沉1艘日本船只，而美军损失极其轻微，仅损失飞机15架。

同样，在越南战争中，美军在越南北部海域布设了11000多枚水雷，再次展现了航空布雷的战略意义。1972年5月9日，美国总统尼克松宣布：对越南北部湾沿海航道、港口实施大规模水雷封锁。仅仅数小时后，百余架舰载机就布下了几千枚空投水雷，使越南的沿海港口成为死港，越南海军直接被封锁港内，各国援越的舰船也无法出入越南港口。

图 5-3-3　舰载机挂载空投水雷

图 5-3-4　执行"饥饿行动"的美军 B-29 轰炸机

当然，航空布雷在反潜战中也有重要意义。特别是空投水雷借助航空平台的优势，具有快速灵活、容易突防开展攻势布雷、可以及时补充布雷等特点，能有效地封锁敌方潜艇的港口、航道，形成雷障、雷区或阻击敌潜艇等。无论是守护己方阵地的防御布雷，还是突击到敌前的攻势布雷，航空兵使用空投水雷都能快速实现目的。

因此，不少国家还专门研制了空投反潜水雷。

二、空投反潜水雷

水雷专门用于反潜是从第一次世界大战开始的。据史料记载，在一战中，各参战国被水雷炸沉的潜艇有54艘，占潜艇损失总数的22.4%。第二次世界大战中，水雷的作用更加突出，仅德国的潜艇就有77艘被水雷炸沉，这些水雷有很多是由飞机投放的。

战后，反潜水雷继续受到多国的重视和发展。从以反舰为主兼顾反潜的水雷，到出现了专门用来打击潜艇的反潜水雷（图5-3-5、图5-3-6），如美国的Mk56，是一种1000千克级的非触发空投锚雷，专为打击高速、深潜的潜艇而设计，它可由飞机外挂，也可在机舱内装运投放。Mk56采用磁引信，空投后，雷锚与雷体一起沉到海底，然后雷体开始上浮到设定深度，由雷索系留住，之后进入值班模式，狩猎路过的潜艇。苏联也制造了类似的空投锚雷，采用触发和非触发联合引信，也用于对付深水潜艇。

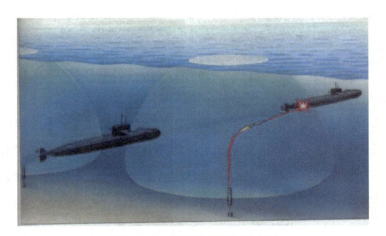

图 5-3-5　俄罗斯火箭上浮水雷

更引人注目的是后来出现的特种水雷（图5-3-7），美国和苏联率先装备了各自的代表性产品。

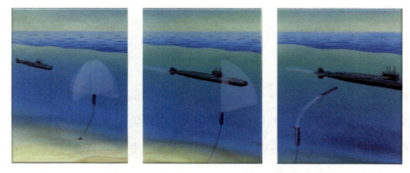

图 5-3-6 美国 Mk60 "捕手" 自导水雷

图 5-3-7 空投特种水雷作战示意图

苏联的火箭上浮水雷（PMK-1），主要用于反潜。其除了具备可由火箭助推，高速上浮的功能外，还增加了局部导向的功能，因此提高了对潜艇的命中率。这种水雷，总体由外壳、战斗部、火箭发动机、引信、仪表组件及短雷锚组成。水雷被投入水中后，自动展开，锚系在设定深度，使水雷呈竖立系留状态，然后使用声引信进入值班状态。值更引信可探测到以不同航速潜航的潜艇，当潜艇目标进入水雷动作半径范围时，它可根据目标的航速和方位，确定攻击弹道，然后切断雷索，使火箭发动机点火，高速推进水雷，驶向目标。这种水雷，至今仍然在俄罗斯服役并已升级换代。

美国的 Mk60，代号"捕手"，是为封锁大西洋北部出入口，防止苏联弹道导弹潜艇进入大西洋而研制的一种自导水雷。既可独自作战，也可与固定的远程警戒水声站、反潜飞机、水面舰艇一起配合使用，还可用来封锁多处海域和海峡，以及通往太平洋的各进出口。这种特种水雷也被叫做"水鱼雷"，因为它布设后是水雷，待攻击目标时又变成了鱼雷。而它本身就是以Mk46-4 型鱼雷为战斗部，当值班引信发现并识别到潜艇目标后，系统就会自动设定参数并将鱼雷从壳体发射出去，后续由鱼雷自导搜索攻击目标。

20 世纪 80 年代以来，日本也有开发航空自导水雷，还有美国的"银头"自导水雷和英国的"十字军"火箭上浮定向攻击水雷，主要用于空投攻势布雷，使用水域较深。挪威也研制了火箭上浮定向攻击水雷，既可反潜，又可反舰，通常在大水深条件下使用。

除了特种水雷，各国还致力于发展更实用的空投水雷和通用型水雷。典型空投水雷产品如俄罗斯的 АМБ 系列，美国的"快速打击"系列（Mk52、Mk53、Mk55，图 5-3-8）以及 Mk62~Mk64 航弹式水雷等。

图 5-3-8　美军"快速打击"系列空投水雷

空投水雷的主要载体是大型轰炸机,此外攻击机、歼击机等其他战斗机必要时也能投放水雷,甚至军用运输机也能承担一些布雷任务。而反潜巡逻机一般也能布放水雷。总而言之,空投水雷具有布放平台多、使用方便、适用面广(各种海域)等优点,且既能反潜,又能反舰,是各国海军重点发展的武器。

三、水雷的特性及其发展

水雷武器具有装药多、威力大并且易布难扫等基本特点(图 5-3-9),从专业上分析,业界认为水雷武器有"六性":即隐蔽性、长期性、突然性、威慑性、对抗性、灵活性。

图 5-3-9　水雷爆炸场景

除了"六性",普通水雷还具有结构简单、便于制造、维护简便、使用方便、成本低廉等诸多特点。因此,水雷有时也被称作"穷国海军的武器"。世界上任何国家,无论是弱国还是强国,为阻止敌方获得海上控制权,都可以将水雷作为有效兵器。所以，现在拥有水雷的国家至少有50多个，水雷种类已达到300多种，很多国家将水雷作为战略武器储备。并且，世界各国还在不断的发展满足现代海战的新型水雷。

一般凡是适合空投的水雷，都可舰布或潜布，因为空投对水雷的要求最高。

现代水雷，继续追求抗扫能力、抗干扰能力，不断向数字化、智能化方向发展，除了增强浅水水雷性能，还在研制各种能够有效阻击敌人的深水水雷。

总之，现代水雷早已不是简单的"装炸药的铁疙瘩"，而是汇集了各种高新技术的智能武器。可以预见，未来的反潜战中，水雷的地位将更加重要。

本节知识点

1. 水雷是古老而充满活力的水中兵器。

2. "饥饿行动"是航空布雷的经典战例。

3. Mk60代号"捕手"，又被叫做"水鱼雷"，是美国研制的特种水雷。

4. 水雷武器的"六性"包括隐蔽性、长期性、突然性、威慑性、对抗性、灵活性。

5. 未来的反潜战中，水雷的地位将更加重要。

第六章

搜攻需战术，指控一体化

航空反潜作战，涉及各式各样的搜潜设备或技术手段的使用，以及多种攻潜武器的应用，需要一个集中、高效的信息化管理平台，这就是反潜作战指挥与控制系统，简称反潜指控系统。系统化的管理诸多作战单元，才能取得高效并保证实效。而作为航空反潜平台，比如反潜巡逻机和反潜直升机，其综合作战能力也取决于是否具备能够集中、高效管理各种搜潜设备和攻潜武器的指控系统。本章主要结合指控系统的发展与现状，介绍机载反潜指控系统。

航空反潜指挥和控制是整个反潜作战的重要部分。其指挥方式一般有两种：一种是"完全"的方案，即反潜飞机拥有完全的指挥自主权；另一种是"不完全"的方案，如对反潜直升机，采取由直升机母舰指挥控制的方式。对固定翼反潜飞机，可采取完全独立自主的指挥方式，因为在固定翼反潜机内部装载一整套 C^3I 系统。而对于反潜直升机，由于其空间容量有限，它不能同时装载多种传感器和完整的处理系统。只有大型反潜直升机（如大型岸基直升机）才有可能。

第一节 高效作战，联合指控是核心

航空反潜作战的过程主要包括搜潜和攻潜，搜潜是前提，攻潜是目的。搜潜设备和攻潜武器种类都很多，那么反潜机是如何有效收集不同类型搜潜设备的信息，并加以利用，精确控制不同种类攻潜武器，打击目标的呢？这项任务就是由航空反潜指控系统完成的。指控系统对于反潜平台而言非常关键，图6-1-1是美军SH-60反潜直升机的指控系统画面。

图 6-1-1　美军 SH-60 反潜直升机指控系统

航空反潜指控系统是反潜任务系统的大脑，它联系着搜潜设备、攻潜武器、平台信号、战术数据及操作人员，使各个部分协调运转。反潜指控系统的基本组成如图6-1-2所示。

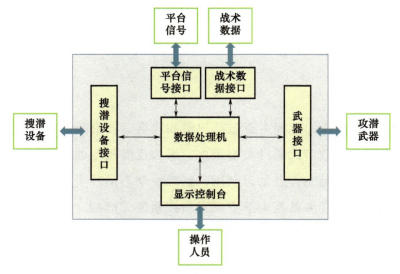

图 6-1-2　反潜指控系统组成图

一、系统发展类型

从系统组成方式上来看，航空反潜指控系统的发展经历了分散式、集中式和网络式三个阶段。

（一）分散式指控系统

分散式指控系统功能比较单一，多为模拟式系统。首先系统接收搜潜设备探测的目标参数，然后依靠分散部件完成目标运动要素解算，根据解算结果，操作人员用手动方式设定武器参数，计算武器投放的时机，完成武器投放控制。分散式系统只是提供了搜潜和攻潜之间简单的联系通道，多数操作都是手动完成的，攻击精度很难保证。

分散式系统的好处是简单、可靠，易于维修，但效率低，并且显然不能满足现代信息化作战需求。

（二）集中式指控系统

集中式指控系统加强了反潜信息处理的能力，多为数字式系统，操作比较方便、高效。指控系统采用了运算能力更强的集成电路，可以充分利用平台的飞行、环境参数，一般具有武器系统命中概率估算能力，可为反潜指挥员的决策做参考。

集中式系统开始采用集成化、数字化技术，减小了系统体积和重量，提高了指控效率。但往往由于中央处理单元负荷大，带来了一定的故障率，降低了可靠性。

（三）网络式指控系统

网络式指控系统借助各类总线和高速处理器，实现了反潜数据的综合处理。它能够实现不同类型传感器数据的融合，计算出更为准确的目标运动要素，也具有更加完善的辅助决策功能。例如可以根据实际海洋环境，估算水下声场，完成浮标布阵及监听航路的规划；实现武器参数优化选择及自动设置、自动投放，极大方便了指挥员的操作控制，提高了武器命中概率。网络式系统还具有完善的数据记录能力，能够完整的记录反潜机空中反潜相关的所有数据和指令，便于地面进行详细分析和评估，为反潜作战能力提升提供了数据支撑。

二、指挥与控制的联合

指挥和控制反映了指控系统的本质。为此进行的一切技术手段都是以有效的指挥和控制所属武器为目的。指控系统最根本的两项功能是战术决策和对武器发射的指挥控制，相应地分为作战指挥系统和武器控制系统两大部分（分系统）。指挥和控制在功能上各有侧重，但相互之间又紧密联系，故又可综合为一个系统。

（一）作战指挥系统

作战指挥系统是收集、处理和显示机载探测设备与数据链等得到的潜艇目标信息，辅助指挥员（战术协调员）实施对本机或编队（其他反潜机）战术指挥的系统。它的基本功能是：

（1）接收和储存来自雷达、敌我识别器、声纳（吊放声纳、浮标声纳）、电子对抗等机载设备及己方数据链的战术数据；

（2）对接收的战术数据进行处理，对目标进行识别、分类、变换和建立目标航迹和我机航线并显示其战术态势图像；

（3）拟定最佳攻击方案，选择使用攻击武器（鱼雷或深弹或导弹）并给武器控制系统指示目标；

（4）管理数据传输，与母舰（对舰载反潜机而言）、友机或己方反潜指挥中心交换信息，协调和控制战术行动。

要完成上述功能，其系统必须要有电子计算机、控制/显示设备、数据链终端等通信设备以及系统软件、战术应用软件等。

（二）武器控制系统

武器控制系统（也称火控系统）是控制武器（主要是鱼雷或深弹）完成对潜艇准确攻击（射击）的系统，其基本功能结构组成如图6-1-3所示。

机载武器控制系统的基本功能是：

（1）跟踪目标，测定目标当前位置坐标；

（2）解算目标运动要素，求出目标未来位置；

（3）求解武器射击诸元；

（4）控制发射反潜武器。

要完成上述功能，此系统必须有探测设备、综合处理计算机（火控计算机）、接口设备、显示/控制台以及系统软件和应用软件等。这些设备中，最重要的是火控计算机（也叫战术计算机，又叫综合处理计算机），它是反潜控制系统的中心，它根据探测设备提供的目标原始数据和航向系统提供的载机参数，计算出目标与载机间的位置关系，从而提供有关参数和相对位置，引导载机对目标实施攻击。

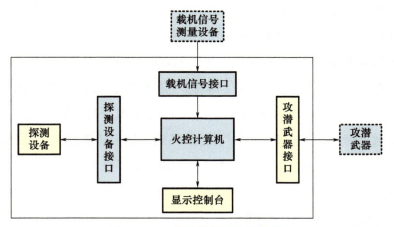

图 6-1-3　武器控制系统示意图

（三）机载指控系统

机载反潜指控系统就是用于战术情报（母舰、友机和其他各种传感器发来的数据及信息）的收集、处理、变换、传输、辅助指挥作战（战术动作）和控制反潜武器发射的系统。可见，指控系统同时兼顾指挥、控制、通信、情报（Command、Control、Communication、Intelligence）的功能——这便是所谓的 C^3I 系统。现代随着计算机技术的发展，出现了以计算机为核心的自动化程度更高、更智能的系统，便是 C^4I 系统（加上计算机（Computer））。

由于反潜机的设备多而复杂，尤其是多种传感器获取大量的实时信息需要及时处理，实施反潜战术，正确地指挥反潜战斗，不仅要考虑机内各战位的协调，而且还要同友机和母舰联系与数据传输，这就需要一套高效能的数据处理和指挥控制系统。

随着数字技术的发展，现代航空反潜系统已将过去分散的、单一功能的导航、飞行控制、探测、显示、通信、武器控制、故障检测等设备，按照系统工程同形性层次，综合为一个以数字计算机为中心的有机整体。20世纪70年代以来陆续出现的P-3C和S-3B的"埃纽"（A-NEW）系统，以及"猎迷""大西洋"反潜机装备的与之类似的电子系统都是以数字计算机为核心的数据处理系统。计算机高速自动处理来自各种探测设备和导航仪表的输入数据，不断解算出目标和本机运动要素、海况及攻潜引导数据，并可及时排除故障，自动与其他舰、机或地面站通信。它完成了需较多人员花大量时间才能完成的数据处理工作，及时地为指挥员提供战术数据，而且还兼顾监控与检修功能。

机载反潜指控系统要完成对目标的搜索（战术环境分析）、辅助作战指挥、武器发射的控制与引导等功能，必须由构成系统的设备、软件、人员三部分组成。软件是指计算机解题和处理信息的数学方法、模型、算法和程序，是系统具有"智能"的关键；人员即机组人员，如驾驶员、声纳操作员和战术指挥长等。由于反潜巡逻机和反潜直升机任务范围等不同，其系统也多种多样，但其最根本的任务是相同的，因此其构成系统的主体设备大同小异，主要包括：计算机、战术态势显示设备、信息搜索及处理设备（各种传感器）、控制设备、通信设备、接口装置等。

战术计算机作为机载反潜指控系统的核心设备，主要是综合处理目标探测、导航、通信、武器各分系统所提供的大量战术数据，以完成声纳浮标的布放、定位，目标的跟踪和定位，瞄准诸元的解算与自动瞄准、武器发射的控制；战术显示参数的提供以及总线传输监视和控制。

显示系统是各种传感器、处理及控制系统的终端。对于机载反潜指控系统而言，其综合化程度越高，需要处理、控制和显示的信息量越大，所需显示设备的数量也就越多。现代反潜飞机的显示系统已进入了综合控制/显示系统时代。综合控制/显示系统运用计算机、电子显示和控制以及数字数据总线（如1553A/B、HSDB、VHSDB）传输技术，按功能横向组合或综合，把机载航空电子设备的显示器和控制器综合成一个系统。该系统既具有从属性又具有独立性：其从属性指它是综合航空电子系统不可分割的人机接口分系统，其独立性指它不再从属于其他分系统（即不再是其他系统的一个部件）。

第二节　综合集成，指挥控制一体化

要有效地探测潜艇，需要多种探潜设备和探潜手段配合使用，才能发挥各自的优势，取得探潜最佳效果。这就要在反潜机空间和载重有限的情况下，尽可能的安装多种探潜设备。解决这一问题的有效途径是采用综合处理技术。随着机载计算机的发展及综合处理能力的提高，为机载设备的综合处理打下了基础。因此，现代反潜机都采用了全机信号综合处理的系统。

一、综合处理的优势

综合处理系统就是保留原有各种探测设备和系统的各自的探头与接口，而把处理、控制、显示综合在一起。现代科学技术的发展已为综合化奠定了基础。

采用综合处理的系统具有以下优势：

（1）减少了设备的体积、重量，增加了反潜机的作战时间；

（2）减少了操作人员数量；

（3）各种传感器所获得的信息可集中观察和使用，既方便操作又提高了反潜效率；

（4）对于轻型反潜直升机，采用综合处理系统后可根据不同的作战需要实现快速换装。

综合处理系统为世界上大多数反潜机所采用，也是反潜指控系统的必然发展趋势。如法国汤姆森·辛特拉反潜设备公司的SADANG2000系列设备，英国马可尼航空电子设备有限公司的ASN-902/924/990系列设备和加拿大计算机设备有限公司的ASW-503系统都是集控制、显示、处理为一体的系统，能综合飞机各种不同的子系统，包括传感器（声纳、磁探仪、雷达）、通信、武器、导航等，并且能从其他各种平台管理系统接收数据。

二、综合任务管理系统

随着各种技术的发展，信息化时代出现了更具有集成化、数字化、智能化的综合任务管理系统，呈现了一体化发展趋势。

第二次世界大战后，由于数字技术、微电子技术和微计算机技术的飞速发展和广泛应用，航空电子技术水平不断提高，航空电子设备的性能日趋完善。另一方面，随着高技术在各种传感器上的应用，使得航空探潜设备日益增多，为了发现安静型潜艇，一架反潜机就装备几种探潜设备（如P-3C上就有声纳浮标、磁探仪、废气探测仪、雷达、ESM等），再加上其他电子设备，这就不仅使机内的布局愈来愈拥挤，还带来了严重的电磁兼容、可靠性和可维修性等问题。因此，航空电子综合技术的采用不仅解决了航空电子设备的体积和重量不断增加、系统可靠性低、维修使用性差和机组人员负担过重等一系列重大问题，更重要的是可充分发挥飞机的综合作战效能。

航空电子综合亦称综合航空电子，它是通过综合飞机的所有航空电子功能，实现规模、通用软件、通用处理等方面的节省，从而使系统获得较好的费效比。这种综合不是简单的叠加，而是为了提高系统的信息利用和资源共享能力，减少和减轻系统体积和重量，提高系统的可靠性、维修性、可扩充性、通用性和生存能力，减轻对后勤保障的要求，降低寿命周期费用。

前面介绍的战术计算机、显示系统和综合处理系统是反潜系统的最主要的组成部分，是反潜机必备的系统（设备）。除此以外要完成搜潜和攻潜任务，还必须有与其他战斗机相同的诸如导航、通信和武器分系统。现代先进的反潜飞机采用全机电子设备综合化，利用数据总线（如 1553B 总线）把各个分（子）系统联接起来，组成机载电子综合系统。而处理反潜任务的综合处理系统变成了电子综合系统的一部分。

指控系统的核心概念是"指挥和控制"，它是指挥员在计划、指挥和控制操作中，对参与实施信息捕获、处理和通信的人员、设备和系统进行管理。因此，机载反潜指控系统也称机载反潜任务管理系统。以美国海军的 SH-60B "海鹰"反潜直升机为例，该型机已把执行反潜任务的指控系统的设备融合在电子综合化系统之中了。SH-60B 航空电子系统由 7 个分系统组成，如图 6-2-1 所示：

SH-60B航空电子系统 {
- 反潜战分系统
- 武器发射分系统
- 通信分系统
- 数据处理分系统
- 导航分系统
- 数据显控分系统
- 反舰观瞄分系统
}

图 6-2-1　美军 SH-60B 反潜直升机航空电子系统

由 SH-60 可以看出，先进的反潜直升机已不再是普通直升机加上声纳设备（吊声或浮标）和反潜武器而组装的反潜机，而是具有反潜系统的航空综合电子系统，已把导航、通信融合在传感器探测、数据处理和武器发射的全过程。因此，现代的机载反潜指挥控制系统就是航空电子综合化系统的一部分，或者说航空电子综合化系统是反潜指控系统自动化的基础。

由此，在反潜综合任务处理系统（指控系统）的管理下，反潜作战系统的各单元分工有效的合作，就好比：

搜潜设备为耳目，攻潜武器作拳脚，
指控系统是大脑，高效配合反潜强。

本节知识点

1. 航空反潜指控系统是反潜任务系统的大脑，它联系着搜潜设备、攻潜武器、平台信号、战术数据及操作人员。

2. 分散式指控系统功能比较单一，多为模拟式系统。

3. 反潜指控系统的辅助决策功能包括：估算水下声场、浮标布阵规划、监听航路规划、武器参数优化选择等。

4. 反潜机数据记录仪的数据有利于在地面进行详细分析和评估。

5. 集中式指控系统多为数字式系统，操作比较方便、高效。

参考文献

[1] 孙明太. 航空反潜概论[M]. 北京：国防工业出版社，1998.

[2] 孙明太. 航空反潜装备[M]. 北京：国防工业出版社，2012.

[3] 军情视点，深水幽灵：全球潜艇TOP50[M]. 北京：化学工业出版社，2014.

[4] [美]诺曼·弗里德曼，克里斯·查恩特. 当代潜艇和反潜战[M]. 西风，编译. 北京：中国市场出版社，2015.

[5] 刘伯胜. 水声学原理[M]. 哈尔滨：哈尔滨船舶工程学院，1993.

[6] 张序三. 海军大辞典[M]. 上海：上海辞书出版社，1993.

[7] [美]诺曼·弗里德曼[M]. 第一次世界大战时期的海军武器：世界各国的舰炮、鱼雷、水雷及反潜武器[M]. 北京：海洋出版社，2018.

[8] [英]克里斯·查恩特，现代潜艇和反潜武器[M]. 张国良，史强，汪宏海，译. 北京：中国市场出版社，2010.

[9] 吴贻欣，王建方. 潜艇[M]. 上海：上海科学技术出版社，2019.

[10] 《深度军事》编委会. 现代潜艇大百科（图鉴版）[M]. 北京：清华大学出版社，2020.

[11] 李德新·王子强. 海军战术学[M]. 北京：海潮出版社，1995.

[12] 《深度军事》编委会. 世界舰船大全（图鉴版）[M]. 北京：清华大学出版社，2020.

[13] 张嘉寿，等. 前苏联潜艇事故大回顾[M]. 中国国防科技信息中心，1997.

[14] 海军装备论证研究中心. 国外反潜战[M]. 北京：海军出版社. 1987.

[15] 张最良，等. 军事运筹学[M]. 北京：军事科学出版社，1992.

[16] 孙连山，梁学明. 航空武器发展史[M]. 北京：航空工业出版社，2004.

[17] 江泓. 世界武力全接触-美国海军[M]. 北京：人民邮电出版社，2013.

[18] 傅英.国外海军鱼雷装备[M].北京：海潮出版社，2007.

[19] 桂林汉明文化.终极武器之矛与盾：常规动力潜艇PK反潜机[M].北京：机械工业出版社，2014.

[20] 张明德，翟文中.海上力量：美国海军反潜技术与反潜直升机[M].北京：海洋出版社，2016.

[21] [美]詹姆斯·德尔加多.潜艇图文史：无声杀手和水下战争[M].傅建一，译.北京：金城出版社，2019.